平成29年

漁業就業動向調査報告書

大臣官房統計部

平成30年6月

農林水産省

目 次

利用者のために …………………………………………………………………………… 1

I　調査結果の概要

1　漁業就業者数（1年間の海上作業従事日数が30日以上の者）
(1)　年齢階層別漁業就業者数 ………………………………………………………… 10
(2)　男女別漁業就業者数 ……………………………………………………………… 11
(3)　自営・漁業雇われ別漁業就業者数 ……………………………………………… 11
(4)　大海区別漁業就業者数 …………………………………………………………… 12
2　漁業経営体数 ………………………………………………………………………… 13
3　世帯員数 ……………………………………………………………………………… 14

II　統計表

総括表編

1　漁業就業者数・漁業経営体数・世帯員数（全国）（平成15年～）………………… 16
2　累年統計（漁業就業者数・漁業経営体数・世帯員数（全国））（昭和36年～）……… 17

年次別統計表編

1　男女別・年齢階層別漁業就業者数（全国）
(1)　総数 ………………………………………………………………………………… 20
(2)　自営漁業のみ ……………………………………………………………………… 21
(3)　漁業雇われ ………………………………………………………………………… 22
2　大海区別漁業就業者数（全国）
(1)　総数 ………………………………………………………………………………… 23
(2)　自営漁業のみ ……………………………………………………………………… 23
(3)　漁業雇われ ………………………………………………………………………… 23
3　漁業経営体数（全国）……………………………………………………………… 24
4　男女別・年齢区分別世帯員数（個人経営体出身）（全国）…………………… 24
5　大海区別世帯員数（個人経営体出身）（全国）………………………………… 24

平成29年統計表　全国編

1　漁業就業者数
　(1)　男女別、自営漁業のみ・漁業雇われ別漁業就業者数 …………………………… 26
　(2)　自営漁業のみ漁業就業者数
　　　ア　沿岸、沖合・遠洋別漁業就業者数 …………………………………………… 26
　　　イ　海上作業従事日数別漁業就業者数 …………………………………………… 27
　(3)　専兼業区分別漁業就業者数（個人経営体出身）
　　　ア　総数 …………………………………………………………………………… 28
　　　イ　専業 …………………………………………………………………………… 29
　　　ウ　第1種兼業 …………………………………………………………………… 30
　　　エ　第2種兼業 …………………………………………………………………… 31
2　漁業経営体数 ……………………………………………………………………………… 32
3　世帯員数（個人経営体出身）…………………………………………………………… 32

平成29年統計表　大海区編

1　漁業就業者数
　(1)　自営漁業のみ・漁業雇われ別漁業就業者数 ………………………………………… 34
　(2)　自営漁業のみ海上作業従事日数別漁業就業者数 ………………………………… 34
　(3)　専兼業区分別漁業就業者数（個人経営体出身）………………………………… 34
　(4)　自営漁業のみ・自営漁業と漁業雇われ別漁業就業者数（個人経営体出身）…… 35
2　漁業経営体数 ……………………………………………………………………………… 35
3　世帯員数（個人経営体出身）…………………………………………………………… 35
4　漁業就業者数（年齢階層別男女別）
　(1)　漁業就業者数
　　　ア　総数
　　　　(ｱ)　総数 ……………………………………………………………………………… 36
　　　　(ｲ)　男 ……………………………………………………………………………… 36
　　　　(ｳ)　女 ……………………………………………………………………………… 36
　　　イ　自営漁業のみ ……………………………………………………………………… 38
　　　ウ　漁業雇われ ………………………………………………………………………… 38
　(2)　漁業就業者数（個人経営体出身）
　　　ア　総数 ………………………………………………………………………………… 40
　　　イ　自営漁業のみ・自営漁業と漁業雇われ別漁業就業者数
　　　　(ｱ)　自営漁業のみ ………………………………………………………………… 40
　　　　(ｲ)　自営漁業と漁業雇われ
　　　　　　a　計 ……………………………………………………………………………… 40

			b	自営漁業が主	42
			c	自営漁業が従	42
	ウ	専兼業区分別漁業就業者数			
		(ｱ)	専業		44
		(ｲ)	第1種兼業		
			a	計	44
			b	自営漁業のみ	44
			c	自営漁業が主	46
			d	自営漁業が従	46
		(ｳ)	第2種兼業		
			a	計	46
			b	自営漁業のみ	48
			c	自営漁業が主	48
			d	自営漁業が従	48

5 世帯員数（個人経営体出身）
(1) 総数 ………………………………………………………………………………… 50
(2) 自営漁業専兼業別世帯員数
　ア　専業 ……………………………………………………………………………… 50
　イ　第1種兼業 ……………………………………………………………………… 50
　ウ　第2種兼業 ……………………………………………………………………… 51

付表

漁業就業動向調査票（個人経営体用）

漁業就業動向調査票（団体経営体用）

利用者のために

1 調査の目的
　漁業就業動向調査（以下「調査」という。）は、水産基本法（平成13年法律第89号）に基づき、効率的かつ安定的な漁業経営を担うべき人材の育成及び確保を図るため、海面漁業の就業構造の動向について明らかにすることを目的としている。

2 調査の根拠
　調査は、統計法（平成19年法律第53号）第19条第1項の規定に基づく総務大臣の承認を受けて実施した一般統計調査である。

3 調査機関
　調査は、農林水産省大臣官房統計部及び地方組織を通じて実施した。

4 調査の対象
　海面に沿う市区町村及び漁業法（昭和24年法律第267号）第86条第1項の規定により農林水産大臣が指定した市区町村の区域内にある海面漁業に係る漁業経営体を対象とした。

(1) 個人経営体

　2013年漁業センサス海面漁業調査（漁業経営体調査）で設定した全国の基本調査区（6,477調査区）の中から抽出した標本調査区（441調査区）内に所在する全ての個人経営体（4,905経営体）

(2) 団体経営体

　2013年漁業センサス海面漁業調査（漁業経営体調査）で把握した団体経営体（5,040経営体）の中から系統抽出した団体経営体（562経営体）

5 調査期日
　平成29年11月1日現在

6 調査事項
(1) 個人経営体
　ア　総世帯員数に関する事項
　イ　個人経営体の専兼業の別
　ウ　世帯員の就業状況に関する事項
　　(ア)　満15歳以上の世帯員の年齢及び性別
　　(イ)　満15歳以上の世帯員の就業状況
　エ　男女別年齢階層別雇用者数

(2) 団体経営体
　男女別年齢階層別雇用（従事）者数

7 調査方法
(1) 個人経営体

　統計調査員（漁業就業動向調査員）が調査対象者に所定の調査票を配布し、回収する自計調

査の方法により行った。
(2) 団体経営体

農林水産省大臣官房統計部から調査対象者に所定の調査票を郵送により配布し、地方組織が政府統計共同利用システムのオンライン調査システム又は郵送により回収する自計調査の方法により行った。

8 回収数・回収率
(1) 個人経営体

調査員調査で実施した標本調査区441については、全調査区において調査を実施した。
標本調査区内に所在する4,905経営体に対して、回収数は4,891経営体で、回収率は99.7%である。

(2) 団体経営体

郵送又はオンライン調査で実施した標本団体経営体562に対して、回収数は456経営体で、回収率は81.1%である。

9 集計方法

集計は大海区ごとに2013年漁業センサスの結果を用いて、各調査項目ごとに、次の推定式により行った。

<推定式>

【個人経営体】

$$\hat{X} = \frac{x}{y} Y$$

$\hat{X}$ ＝大海区内の調査項目ごとの推定値（計）
x ＝大海区内の標本調査区の調査項目の調査値の合計
Y ＝大海区内の調査項目ごとの漁業センサス結果（計）
y ＝大海区内の標本調査区の調査項目の漁業センサス結果の合計

【団体経営体】

雇用者（従事者）数を基に次に示す三つの階層別に集計

（従事者規模別階層）	階層1	従事者数	0～9人
	階層2	従事者数	10～49人
	階層3	従事者数	50人以上

$$\hat{X} = \sum_{i=1}^{3} \frac{x_i}{y_i} Y_i$$

$\hat{X}$ ＝i階層の大海区内の調査項目ごとの推定値（計）
x_i ＝i階層の大海区内の標本経営体の調査項目の調査値の合計
Y_i ＝i階層の大海区内の調査項目ごとの漁業センサス結果（計）
y_i ＝i階層の大海区内の標本経営体の調査項目の漁業センサス結果の合計

10 実績精度

本調査の漁業就業者数計（全国）についての実績精度（標本から推定した標準誤差率（標準誤差の推定値÷推定値×100））は、1.9%である。

11 統計の表章

統計表の編成は、大海区別の統計表とした。
大海区の区分については、次図を参照。
＜大海区区分図＞

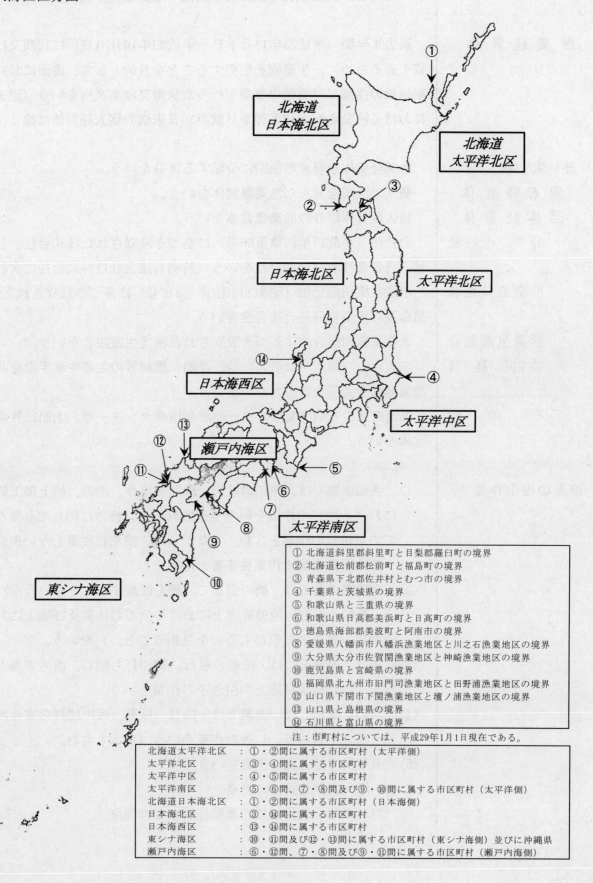

① 北海道斜里郡斜里町と目梨郡羅臼町の境界
② 北海道松前郡松前町と福島町の境界
③ 青森県下北郡佐井村とむつ市の境界
④ 千葉県と茨城県の境界
⑤ 和歌山県と三重県の境界
⑥ 和歌山県日高郡美浜町と日高町の境界
⑦ 徳島県海部郡美波町と阿南市の境界
⑧ 愛媛県八幡浜市八幡浜漁業地区と川之石漁業地区の境界
⑨ 大分県大分市佐賀関漁業地区と神崎漁業地区の境界
⑩ 鹿児島県と宮崎県の境界
⑪ 福岡県北九州市旧門司漁業地区と田野浦漁業地区の境界
⑫ 山口県下関市下関漁業地区と壇ノ浦漁業地区の境界
⑬ 山口県と島根県の境界
⑭ 石川県と富山県の境界

注：市町村については、平成29年1月1日現在である。

北海道太平洋北区	：①・②間に属する市区町村（太平洋側）
太平洋北区	：③・④間に属する市区町村
太平洋中区	：④・⑤間に属する市区町村
太平洋南区	：⑤・⑥間、⑦・⑧間及び⑨・⑩間に属する市区町村（太平洋側）
北海道日本海北区	：①・②間に属する市区町村（日本海側）
日本海北区	：③・⑭間に属する市区町村
日本海西区	：⑬・⑭間に属する市区町村
東シナ海区	：⑩・⑪間及び⑫・⑬間に属する市区町村（東シナ海側）並びに沖縄県
瀬戸内海区	：⑥・⑫間、⑦・⑧間及び⑨・⑪間に属する市区町村（瀬戸内海側）

12 用語の解説

海 面 漁 業	海面（浜名湖、中海、加茂湖、猿澗湖、風蓮湖及び厚岸湖を含む。）において営む水産動植物の採捕又は養殖の事業をいう。
漁 業 経 営 体	過去１年間（平成28年11月１日〜平成29年10月31日）に利潤又は生活の資を得るために、生産物を販売することを目的として、海面において水産動植物の採捕又は養殖の事業を行った世帯又は事業所をいう（過去１年間における漁業の海上作業従事日数が30日未満の個人経営体は除く。）。
経 営 組 織	漁業経営体を経営形態別に分類する区分をいう。
個 人 経 営 体	個人で漁業を営んだ漁業経営体をいう。
団 体 経 営 体	個人経営体以外の漁業経営体をいう。
会　　　　社	会社法（平成17年法律第86号）に基づき設立された株式会社、合名会社、合資会社及び合同会社をいう（特例有限会社は株式会社に含む。）。
漁 業 協 同 組 合	水産業協同組合法（昭和23年法律第242号）に基づき設立された漁業協同組合及び漁業協同組合連合会をいう。
漁 業 生 産 組 合	水産業協同組合法に基づき設立された漁業生産組合をいう。
共 同 経 営	二人以上（個人又は法人）が、漁船、漁網等の主要生産手段を共有し、漁業経営を共同で行ったものをいう。
そ　の　他	都道府県の栽培漁業センターや水産増殖センター等、上記以外の団体経営体をいう。
漁業の海上作業	(1) 漁船漁業では、漁船の航行、機関の操作、漁労、船上加工等の海上における全ての作業をいう（運搬船など、漁労に関して必要な船の全ての乗組員の作業を含む。したがって、漁業に従事しない医師、コック等乗組員も海上作業従事者となる。）。 (2) 定置網漁業では、網の張立て（網を設置することをいう。）、取替え、漁船の航行、漁労等海上における全ての作業及び陸上において行う岡見（定置網に魚が入るのを見張ること。）をいう。 (3) 地びき網漁業では、漁船の航行、網の打ち回し、漁労等海上における全ての作業及び陸上の引き子の作業をいう。 (4) 漁船を使用しない漁業では、採貝、採藻（海岸に打ち寄せた海藻を拾うことも含める。）等の作業をいう（潜水も含む。）。 (5) 養殖業では、次の作業をいう。 　ア　海上養殖施設での養殖 　　(ア)　漁船を使用しての養殖施設までの往復

	(イ) いかだや網等の養殖施設の張立て及び取り外し
	(ウ) 採苗、給餌作業、養殖施設の見回り、収穫物の取り上げ等の海上において行う全ての作業
	イ　陸上養殖施設での養殖
	(ア) 採苗、飼育に関わる養殖施設（飼育池、養成池、水槽等）での全ての作業
	(イ) 養殖施設の掃除
	(ウ) 池及び水槽の見回り
	(エ) 給餌作業（餌料配合作業（餌作り）は陸上作業とする。）
	(オ) 収穫物の取り上げ作業
漁業の陸上作業	漁業に係る作業のうち、海上作業以外の全ての作業をいい、具体的には次のものをいう。 (1) 漁船、漁網等の生産手段の修理・整備（停泊中の漁船上で行った場合も含む。） (2) 漁具、漁網、食料品の積み込み作業 (3) 出漁・入港（帰港）時の漁船の引き下ろし、引き上げ (4) 悪天候時の出漁待機 (5) 餌の仕入れ及び調餌作業 (6) 真珠の核入れ作業、真珠の採取作業、貝掃除作業、貝のむき身作業、のり・わかめの干し作業等 (7) 漁獲物を出荷するまでの運搬、箱詰め等の作業 (8) 自家生産物を主たる原料とした水産加工品の製造・加工作業（同一構内（屋敷内）に工場、作業所とみられるものを有し、その製造活動に専従の常時従業者を使用している場合は、漁業の陸上作業とはしない。） (9) 自営漁業の管理運営業務（指揮監督、技術講習、経理・計算、帳簿管理）
沿　岸　漁　業	沿岸漁業とは、10トン未満の漁船を使用して行う漁業及び漁船を使用しないで行う漁業、定置網漁業並びに海面養殖業をいう。
沖合・遠洋漁業	沖合・遠洋漁業とは、沿岸漁業以外の漁業をいう。
漁　業　就　業　者	満15歳以上で過去1年間に漁業の海上作業に年間30日以上従事した者をいう。

自 営 漁 業 の み	漁業就業者のうち、自営漁業のみに従事し、共同経営の漁業又は雇われての漁業には従事していない者をいう（漁業以外の仕事に従事したか否かは問わない。）。 なお、自営漁業とは、次のものをいう。 (1) 自家単独で漁業を営んだもの (2) 漁船、漁網を持ち寄って、他人と一緒に漁業を営んだもの（共同経営は含まない。) (3) 他人の所有する無動力船又は動力3トン未満の船に相乗りして漁業を営んだもの（3トン以上の船に相乗りした場合は、漁業雇われとなる。）
漁 業 雇 わ れ	漁業就業者のうち、「自営漁業のみ」以外の者をいう（漁業以外の仕事に従事したか否かは問わない。）。
個人経営体の 専兼業分類	
専　　　業	個人経営体（世帯）として、過去1年間の収入が自営漁業からのみであった場合をいう。
第 1 種 兼 業	個人経営体（世帯）として、過去1年間の収入が自営漁業以外の仕事からもあり、かつ、自営漁業からの収入がそれ以外の仕事からの収入の合計よりも大きかった場合をいう。
第 2 種 兼 業	個人経営体（世帯）として、過去1年間の収入が自営漁業以外の仕事からもあり、かつ、自営漁業以外の仕事からの収入の合計が自営漁業からの収入よりも大きかった場合をいう。
世　帯　員	個人経営体出身で生活の拠点がその家にある者で、①住居と生計を共にしている者（血縁又は姻せき関係にない者も含む。）、②漁船に乗り込んでいる者、出稼ぎ、遊学、療養等で家を離れている者のうち、不在期間が1年未満の者（漁船含め船舶の乗組員については、航海日数の長期化により不在期間が1年以上にわたる場合であっても、特例として世帯員に含める。）、③家族同様に住んでいる雇い人で、1年以上経過した者又は1年以上経過する見込みの者をいう（同居人、下宿人等のように生計を別にしている者は含めない。）。

13　利用上の注意

(1)　調査について

　　漁業就業動向調査は、5年ごとに行われる漁業センサスの実施年以外の年における漁業就業構造の現状と年次的動向を総合的に把握するために行う調査である。したがって、本調査は漁業センサスと密接な関係を持つものであり、このことを踏まえて調査の設計を行っている。

　　漁業センサスは全数調査であるのに対し、漁業就業動向調査は標本調査であるため、表章されている値は全て推定値であることから、漁業センサス結果と漁業就業動向調査結果を直接比較して利用する場合には留意する必要がある。

　　また、統計表の一部の表章項目においては、集計対象数が極めて少ないことから相当程度の誤差を含んだ値となっており、結果の利用にあたっては留意する必要がある。

(2)　東日本大震災の影響

　　平成23年及び24年の調査結果については、東日本大震災の影響により岩手県、宮城県及び福島県の3県の調査が困難であるため、当該3県を除いて調査を行い集計した。

(3)　統計の表示について

ア　本統計では、推定値の原数を下1桁で四捨五入して表示したため、合計値と内訳の計が一致しない場合がある。

イ　表中に使用した符号は、次のとおりである。

　　「0」：単位に満たないもの（例：4人→0人）
　　「-」：事実のないもの
　　「…」：事実不詳又は調査を欠くもの
　　「△」：負数又は減少したもの

ウ　本統計の累年データについては、農林水産省ホームページ中の統計情報に掲載している分野別分類の「水産業」で御覧いただけます。【 http://www.maff.go.jp/j/tokei/ 】

　　なお、統計データ等に訂正等があった場合には、同ホームページに正誤表とともに修正後の統計表等を掲載します。

(4)　その他

　　この報告書に掲載された数値を他に転載する場合は、「平成29年漁業就業動向調査」（農林水産省）による旨を記載してください。

14　お問合せ先

農林水産省　大臣官房統計部　経営・構造統計課
　センサス統計室　農林漁業担い手統計班
　　　　　代　表：03-3502-8111　　内線3666
　　　　　直　通：03-6744-2247
　　　　　Ｆ Ａ Ｘ：03-5511-7282

I 調査結果の概要

1 漁業就業者数（1年間の海上作業従事日数が30日以上の者）

(1) 年齢階層別漁業就業者数

平成29年11月1日現在の漁業就業者数は、15万3,490人で、前年に比べ6,530人（4.1％）減少した。

これは、漁業就業者の高齢化等により、廃業や海上作業日数が減少したこと等による。

漁業就業者数を年齢階層別にみると、全ての階層で前年に比べ減少した。

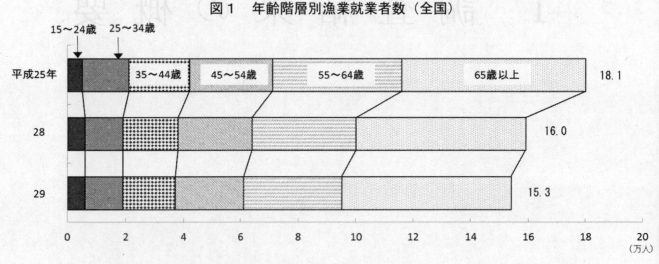

図1 年齢階層別漁業就業者数（全国）

注：平成25年は、全ての漁業経営体を対象に実施した2013年漁業センサスの結果である（以下同じ。）。

表1 年齢階層別漁業就業者数（全国）

単位：人

区　分	計	15～24歳	25～34歳	35～44歳	45～54歳	55～64歳	65歳以上
平成25年	180,990	5,490	15,500	21,450	29,460	45,460	63,630
28	160,020	5,920	13,280	19,260	25,890	36,420	59,270
29	153,490	5,600	12,730	18,360	24,490	33,620	58,690
増減率（％）							
平成29年/25年	△ 15.2	2.0	△ 17.9	△ 14.4	△ 16.9	△ 26.0	△ 7.8
平成29年/28年	△ 4.1	△ 5.4	△ 4.1	△ 4.7	△ 5.4	△ 7.7	△ 1.0
構成比（％）							
平成25年	100.0	3.0	8.6	11.9	16.3	25.1	35.2
28	100.0	3.7	8.3	12.0	16.2	22.8	37.0
29	100.0	3.6	8.3	12.0	16.0	21.9	38.2

注：表中の「△」は、減少したものを示す（以下同じ。）。
　　構成比については、表示単位未満を四捨五入しているため、合計値と内訳の計が一致しない場合がある（以下同じ。）。

○ 漁業就業者とは、満15歳以上で過去1年間（平成28年11月1日～平成29年10月31日）に、漁業の海上作業に30日以上従事した者をいう。

(2) 男女別漁業就業者数

漁業就業者数を男女別にみると、男性は13万2,510人（漁業就業者数に占める割合は86.3%）、女性は2万980人（同13.7%）で、前年に比べ、男性は6,980人（5.0%）減少し、女性は450人（2.2%）増加した。

図2　男女別漁業就業者数

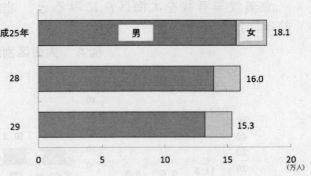

表2　男女別漁業就業者数

区　分	平成25年	28	29	構成比			増減率	
				平成25年	28	29	平成29年/25年	平成29年/28年
	人	人	人	%	%	%	%	%
全　　国	180,990	160,020	153,490	100.0	100.0	100.0	△ 15.2	△ 4.1
男	157,120	139,490	132,510	86.8	87.2	86.3	△ 15.7	△ 5.0
女	23,870	20,530	20,980	13.2	12.8	13.7	△ 12.1	2.2

(3) 自営・漁業雇われ別漁業就業者数

漁業就業者数を自営・漁業雇われ別にみると、自営漁業のみに従事した者は9万1,950人（漁業就業者数に占める割合は59.9%）、雇われて漁業に従事した者は6万1,530人（同40.1%）で、前年に比べ、それぞれ3,790人（4.0%）、2,750人（4.3%）減少した。

図3　自営・漁業雇われ別漁業就業者数

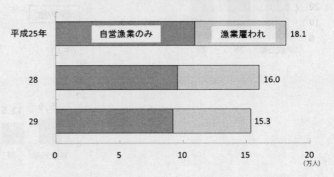

表3　自営・漁業雇われ別漁業就業者数

区　分	平成25年	28	29	構成比			増減率	
				平成25年	28	29	平成29年/25年	平成29年/28年
	人	人	人	%	%	%	%	%
全　　国	180,990	160,020	153,490	100.0	100.0	100.0	△ 15.2	△ 4.1
自営漁業のみに従事	109,250	95,740	91,950	60.4	59.8	59.9	△ 15.8	△ 4.0
漁業雇われ	71,740	64,280	61,530	39.6	40.2	40.1	△ 14.2	△ 4.3

注：1　「自営漁業のみ」とは、自営漁業のみに従事し、共同経営の漁業及び雇われての漁業には従事していない者をいう。
　　2　「漁業雇われ」とは、賃金報酬を得ることを目的に雇われて漁業に従事した者で自営漁業を行いながら雇われて漁業に従事した者を含む。また、団体経営体における役員で、漁業に従事した者を含む。

(4) 大海区別漁業就業者数

漁業就業者数を大海区別にみると、北海道日本海北区を除く全ての大海区で、前年に比べ減少した。

図4　大海区別漁業就業者数

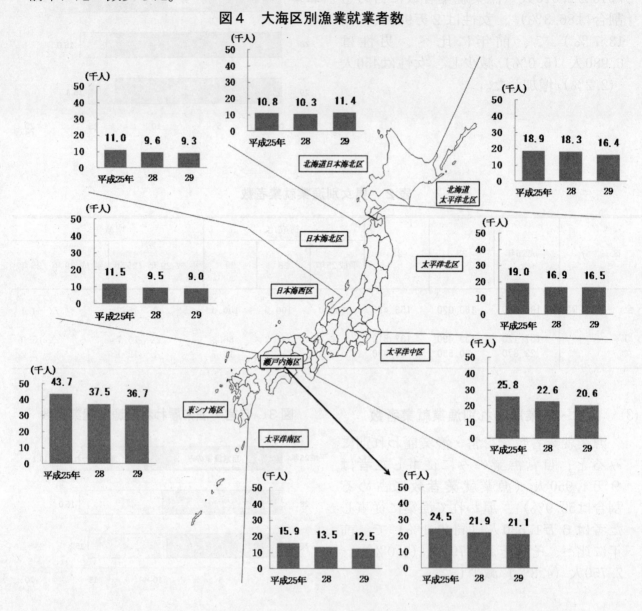

表4　大海区別漁業就業者数

区　分	平成25年	28	29	構成比			増減率	
				平成25年	28	29	平成29年/25年	平成29年/28年
	人	人	人	%	%	%	%	%
全　　　　　国	180,990	160,020	153,490	100.0	100.0	100.0	△ 15.2	△ 4.1
北海道太平洋北区	18,850	18,300	16,380	10.4	11.4	10.7	△ 13.1	△ 10.5
太 平 洋 北 区	18,960	16,860	16,490	10.5	10.5	10.7	△ 13.0	△ 2.2
太 平 洋 中 区	25,840	22,630	20,590	14.3	14.1	13.4	△ 20.3	△ 9.0
太 平 洋 南 区	15,850	13,490	12,520	8.8	8.4	8.2	△ 21.0	△ 7.2
北海道日本海北区	10,800	10,260	11,440	6.0	6.4	7.5	5.9	11.5
日 本 海 北 区	10,990	9,610	9,280	6.1	6.0	6.0	△ 15.6	△ 3.4
日 本 海 西 区	11,540	9,500	9,020	6.4	5.9	5.9	△ 21.8	△ 5.1
東 シ ナ 海 区	43,680	37,450	36,680	24.1	23.4	23.9	△ 16.0	△ 2.1
瀬 戸 内 海 区	24,480	21,920	21,100	13.5	13.7	13.7	△ 13.8	△ 3.7

2 漁業経営体数

　海面漁業の漁業経営体数は、7万8,890経営体で、前年に比べ2,990経営体（3.7%）減少した。このうち、個人経営体は7万4,470経営体（漁業経営体数全体に占める割合は94.4%）、団体経営体は4,420経営体（同5.6%）で、前年に比べ、それぞれ2,900経営体（3.7%）、80経営体（1.8%）減少した。

図5　漁業経営体数

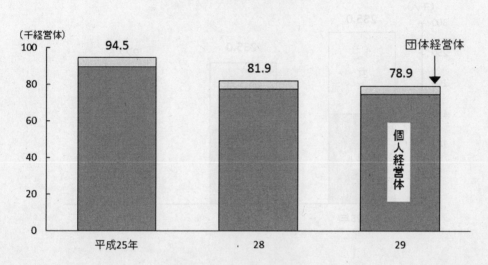

表5　漁業経営体数

区分	平成25年	28	29	構成比			増減率	
				平成25年	28	29	平成29年/25年	平成29年/28年
	経営体	経営体	経営体	%	%	%	%	%
全　　国	94,510	81,880	78,890	100.0	100.0	100.0	△ 16.5	△ 3.7
個人経営体	89,470	77,370	74,470	94.7	94.5	94.4	△ 16.8	△ 3.7
団体経営体	5,040	4,500	4,420	5.3	5.5	5.6	△ 12.3	△ 1.8

3 世帯員数

　個人経営体の世帯員数は、22万2,560人で、経営体の減少に伴い前年に比べ1万2,450人（5.3％）減少した。
　これを男女別にみると、男性は11万6,900人、女性は10万5,650人で、前年に比べ、それぞれ6,640人（5.4％）、5,820人（5.2％）減少した。

図6　男女別世帯員数

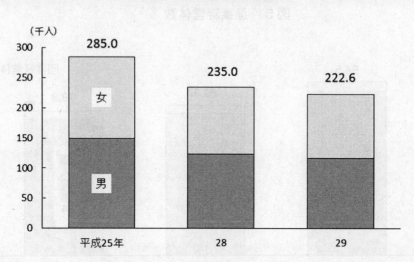

表6　男女別世帯員数

区　　分	平成25年	28	29	構　成　比			増減率	
				平成25年	28	29	平成29年/25年	平成29年/28年
	人	人	人	％	％	％	％	％
全　　国	284,950	235,010	222,560	100.0	100.0	100.0	△ 21.9	△ 5.3
男	149,550	123,540	116,900	52.5	52.6	52.5	△ 21.8	△ 5.4
女	135,400	111,470	105,650	47.5	47.4	47.5	△ 22.0	△ 5.2

II 統計表

総括表編

総 括 表

1 漁業就業者数・漁業経営体数・世帯員数（全国）（平成15年～）

年次	漁業就業者数 計	漁業就業者数 自営漁業のみ	漁業就業者数 漁業雇われ	漁業経営体数 計	漁業経営体数 個人経営体	漁業経営体数 団体経営体	世帯員数 (個人経営体出身)
	人	人	人	経営体	経営体	経営体	人
平成15年（セ）	238,370	…	…	132,420	125,930	6,490	439,350
16	231,000	…	…	130,810	123,610	7,200	428,120
17	222,170	…	…	126,020	118,930	7,090	409,490
18	212,470	…	…	122,500	115,530	6,970	395,500
19	204,330	…	…	117,080	111,210	5,870	380,400
20　（セ）	221,910	141,050	80,860	115,200	109,450	5,750	367,460
21	211,810	134,510	77,300	107,990	102,490	5,500	336,740
22	202,880	128,270	74,610	103,740	98,300	5,440	321,590
(22)	(184,220)	(116,300)	(67,920)	(94,690)	(89,550)	(5,140)	(288,260)
23	177,870	111,960	65,910	91,170	86,150	5,020	272,000
24	173,660	108,560	65,090	88,880	83,950	4,940	265,830
25　（セ）	180,990	109,250	71,740	94,510	89,470	5,040	284,950
26	173,030	104,710	68,320	88,550	83,820	4,740	259,690
27	166,610	100,520	66,100	85,210	80,570	4,640	247,650
28	160,020	95,740	64,280	81,880	77,370	4,500	235,010
29	153,490	91,950	61,530	78,890	74,470	4,420	222,560
対前年増減率（％）							
平成15年（セ）	△ 2.0	…	…	△ 3.5	△ 2.9	△ 14.4	△ 6.4
16	△ 3.1	…	…	△ 1.2	△ 1.8	10.9	△ 2.6
17	△ 3.8	…	…	△ 3.7	△ 3.8	△ 1.5	△ 4.4
18	△ 4.4	…	…	△ 2.8	△ 2.9	△ 1.7	△ 3.4
19	△ 3.8	…	…	△ 4.4	△ 3.7	△ 15.8	△ 3.8
20　（セ）	8.6	…	…	△ 1.6	△ 1.6	△ 2.0	△ 3.4
21	△ 4.6	△ 4.6	△ 4.4	△ 6.3	△ 6.4	△ 4.3	△ 8.4
22	△ 4.2	△ 4.6	△ 3.5	△ 3.9	△ 4.1	△ 1.1	△ 4.5
(23)	△ 3.4	△ 3.7	△ 3.0	△ 3.7	△ 3.8	△ 2.3	△ 5.6
24	△ 2.4	△ 3.0	△ 1.2	△ 2.5	△ 2.6	△ 1.6	△ 2.3
25　（セ）	…	…	…	…	…	…	…
26	△ 4.4	△ 4.2	△ 4.8	△ 6.3	△ 6.3	△ 6.0	△ 8.9
27	△ 3.7	△ 4.0	△ 3.2	△ 3.8	△ 3.9	△ 2.1	△ 4.6
28	△ 4.0	△ 4.8	△ 2.8	△ 3.9	△ 4.0	△ 3.0	△ 5.1
29	△ 4.1	△ 4.0	△ 4.3	△ 3.7	△ 3.7	△ 1.8	△ 5.3
構成比（％）							
平成15年（セ）	100.0	…	…	100.0	95.1	4.9	100.0
16	100.0	…	…	100.0	94.5	5.5	100.0
17	100.0	…	…	100.0	94.4	5.6	100.0
18	100.0	…	…	100.0	94.3	5.7	100.0
19	100.0	…	…	100.0	95.0	5.0	100.0
20　（セ）	100.0	63.6	36.4	100.0	95.0	5.0	100.0
21	100.0	63.5	36.5	100.0	94.9	5.1	100.0
22	100.0	63.2	36.8	100.0	94.8	5.2	100.0
(22)	(100.0)	(63.1)	(36.9)	(100.0)	(94.6)	(5.4)	(100.0)
23	100.0	62.9	37.1	100.0	94.5	5.5	100.0
24	100.0	62.5	37.5	100.0	94.5	5.6	100.0
25　（セ）	100.0	60.4	39.6	100.0	94.7	5.3	100.0
26	100.0	60.5	39.5	100.0	94.7	5.4	100.0
27	100.0	60.3	39.7	100.0	94.6	5.4	100.0
28	100.0	59.8	40.2	100.0	94.5	5.5	100.0
29	100.0	59.9	40.1	100.0	94.4	5.6	100.0

注：1　（セ）は漁業センサス結果であり、その結果を下1桁で四捨五入して表示している（以下2まで同じ。）。
　　2　平成（22）、23、24年は、岩手県、宮城県及び福島県（以下「東北3県」という。）を除く値であり、対前年増減率の（23）年は東北3県を除く22年値に対する増減率である。
　　　また、25（セ）年は全国値であり、24年との比較ができないため、対前年増減率を「…」とした。
　　3　「漁業雇われ」については、19年までは漁業を自営していない沿海市区町村の世帯のうち、漁業経営体に雇われて漁業に従事した世帯員がいる世帯について「漁業従事者世帯調査」により把握していたが、20年調査から前述の調査を止め、雇い主である漁業経営体の側から把握することとした。
　　　このため、20年以降の調査結果には、非沿海市区町村に居住している漁業雇われ者が新たに加えられており、概念上これと一致する前回値は存在しないことから、19年以前の「自営漁業のみ」、「漁業雇われ」を「…」とした（以下2まで同じ。）。
　　4　団体経営体は、平成15～18年は海面漁業生産統計調査、平成19年以降は漁業就業動向調査で把握している（ただし、漁業センサス実施年を除く。）。

総括表

2 累年統計（漁業就業者数・漁業経営体数・世帯員数（全国））（昭和36年～）

年次	漁業就業者数 計 (人)	自営漁業のみ (人)	漁業雇われ (人)	漁業経営体数 個人経営体 (経営体)	団体経営体 (経営体)	世帯員数（個人経営体出身）(人)
昭和36年	699,200	…	…	291,600	6,780	1,690,400
37	667,200	…	…	274,800	6,540	1,580,500
38 (セ)	625,940	…	…	262,570	4,640	1,477,130
39	612,400	…	…	260,300	5,760	1,446,200
40	612,000	…	…	258,100	5,970	1,413,500
41	607,400	…	…	257,500	6,460	1,388,400
42	592,800	…	…	254,900	6,980	1,354,500
43 (セ)	593,830	…	…	248,320	5,800	1,280,760
44	591,800	…	…	242,150	6,880	1,212,200
45	569,800	…	…	236,290	7,290	1,165,390
46	525,420	…	…	229,260	7,660	1,119,470
47	508,190	…	…	224,110	7,760	1,082,880
48 (セ)	510,730	…	…	224,970	7,330	1,084,490
49	496,900	…	…	222,630	7,860	1,078,440
50	477,530	…	…	218,270	7,920	1,038,980
51	469,680	…	…	214,680	8,210	1,009,860
52	459,260	…	…	211,940	8,220	990,630
53 (セ)	478,150	…	…	210,120	7,610	955,310
54	467,790	…	…	211,050	8,870	955,390
55	457,370	…	…	209,090	9,060	936,660
56	448,990	…	…	206,950	9,080	917,520
57	437,150	…	…	203,520	8,970	888,920
58 (セ)	446,540	…	…	199,160	8,280	858,070
59	439,490	…	…	197,760	8,880	847,390
60	431,880	…	…	195,500	9,020	835,870
61	422,550	…	…	192,430	9,060	820,900
62	411,040	…	…	189,190	8,830	804,700
63 (セ)	392,390	…	…	182,160	8,110	746,360
平成元年	382,700	…	…	180,190	8,700	738,690
2	370,530	…	…	176,620	8,870	721,370
3	355,140	…	…	172,280	8,590	700,710
4	342,430	…	…	167,430	8,440	677,070
5 (セ)	324,890	…	…	163,920	7,600	633,990
6	312,890	…	…	159,420	8,480	616,530
7	301,430	…	…	154,370	8,510	593,140
8	287,380	…	…	148,860	8,340	569,130
9	278,200	…	…	145,710	8,380	553,990
10 (セ)	277,040	…	…	143,190	7,390	523,570
11	269,990	…	…	141,940	8,280	520,140
12	260,200	…	…	137,690	8,240	504,070
13	252,320	…	…	133,660	8,020	488,620
14	243,330	…	…	129,680	7,580	469,180
15 (セ)	238,370	…	…	125,930	6,490	439,350
16	231,000	…	…	123,610	7,200	428,120
17	222,170	…	…	118,930	7,090	409,490
18	212,470	…	…	115,530	6,970	395,500
19	204,330	…	…	111,210	5,870	380,400
20 (セ)	221,910	141,050	80,860	109,450	5,750	367,460
21	211,810	134,510	77,300	102,490	5,500	336,740
22	202,880	128,270	74,610	98,300	5,440	321,590
(22)	(184,220)	(116,300)	(67,920)	(89,550)	(5,140)	(288,260)
23	177,870	111,960	65,910	86,150	5,020	272,000
24	173,660	108,560	65,090	83,950	4,940	265,830
25 (セ)	180,990	109,250	71,740	89,470	5,040	284,950
26	173,030	104,710	68,320	83,820	4,740	259,690
27	166,610	100,520	66,100	80,570	4,640	247,650
28	160,020	95,740	64,280	77,370	4,500	235,010
29	153,490	91,950	61,530	74,470	4,420	222,560

注： 1 平成(22)、23、24年は、東北3県を除く値である。
 2 団体経営体は、平成13年までは漁業動態調査、平成14～18年は海面漁業生産統計調査、平成19年以降は漁業就業動向調査で把握している（ただし、漁業センサス実施年を除く。）。

年次別統計表編

年次別統計表

1 男女別・年齢階層別漁業就業者数（全国）
(1) 総数

単位：人

区分	平成20年(セ)	25 (セ)	26	27	28	29
総数	221,910	180,990	173,030	166,610	160,020	153,490
15 ～ 19 歳	1,300	1,270	1,460	1,630	1,300	1,240
20 ～ 24	5,320	4,210	4,370	4,540	4,610	4,370
25 ～ 29	7,770	6,910	6,870	6,210	5,260	5,020
30 ～ 34	9,170	8,590	8,390	8,090	8,010	7,720
35 ～ 39	11,610	9,640	9,790	9,520	9,160	9,030
40 ～ 44	14,550	11,800	11,950	10,690	10,090	9,330
45 ～ 49	17,440	13,300	12,920	12,500	12,440	11,410
50 ～ 54	21,780	16,160	15,260	14,210	13,450	13,070
55 ～ 59	29,130	19,510	18,590	17,770	16,610	15,670
60 ～ 64	28,040	25,960	22,810	21,040	19,810	17,950
65 ～ 69	26,360	21,290	21,630	22,510	22,610	21,670
70 ～ 74	26,970	19,220	17,830	16,290	15,130	15,140
75 歳 以 上	22,490	23,130	21,160	21,620	21,530	21,880
男	187,820	157,120	150,460	144,720	139,490	132,510
15 ～ 19 歳	1,250	1,220	1,380	1,580	1,270	1,160
20 ～ 24	5,120	4,090	4,220	4,320	4,440	4,220
25 ～ 29	7,410	6,620	6,630	5,960	5,110	4,800
30 ～ 34	8,480	8,170	7,980	7,740	7,730	7,420
35 ～ 39	10,400	8,840	9,010	8,860	8,590	8,430
40 ～ 44	12,590	10,620	10,830	9,470	9,150	8,260
45 ～ 49	14,740	11,570	11,420	11,020	10,960	10,010
50 ～ 54	18,080	13,920	13,220	12,300	11,790	10,980
55 ～ 59	23,800	16,530	15,590	14,820	14,060	13,230
60 ～ 64	22,720	21,730	18,870	17,420	16,260	14,820
65 ～ 69	20,970	17,740	17,550	18,400	18,720	17,770
70 ～ 74	22,480	15,860	14,820	13,770	12,350	12,340
75 歳 以 上	19,780	20,210	18,940	19,050	19,060	19,070
女	34,090	23,870	22,580	21,890	20,530	20,980
15 ～ 19 歳	40	50	80	50	30	70
20 ～ 24	210	120	160	220	180	150
25 ～ 29	360	290	240	250	150	220
30 ～ 34	690	420	410	350	280	300
35 ～ 39	1,200	800	780	660	570	600
40 ～ 44	1,950	1,180	1,120	1,220	940	1,070
45 ～ 49	2,700	1,720	1,500	1,470	1,470	1,410
50 ～ 54	3,700	2,240	2,040	1,910	1,660	2,100
55 ～ 59	5,330	2,980	3,000	2,950	2,550	2,430
60 ～ 64	5,320	4,230	3,940	3,620	3,550	3,130
65 ～ 69	5,390	3,550	4,090	4,110	3,890	3,890
70 ～ 74	4,490	3,360	3,020	2,520	2,780	2,800
75 歳 以 上	2,710	2,920	2,220	2,580	2,470	2,820

注：（セ）は漁業センサス結果であり、その結果を下1桁で四捨五入して表示している（以下5まで同じ。）。

(2) 自営漁業のみ

単位：人

区分	平成20年(セ)	25 (セ)	26	27	28	29
総数	141,050	109,250	104,710	100,520	95,740	91,950
15 ～ 19 歳	490	360	520	480	350	250
20 ～ 24	1,740	1,160	1,060	980	1,100	1,120
25 ～ 29	2,630	1,990	1,880	1,510	1,480	1,280
30 ～ 34	3,530	2,620	2,720	2,670	2,490	2,350
35 ～ 39	5,160	3,730	3,660	3,370	3,170	3,020
40 ～ 44	7,090	5,100	5,040	4,320	4,130	3,660
45 ～ 49	9,360	6,660	6,470	6,550	6,140	5,700
50 ～ 54	12,060	8,600	8,270	7,710	6,950	6,900
55 ～ 59	17,760	11,110	10,670	10,220	9,470	9,030
60 ～ 64	18,060	16,340	14,830	13,140	12,590	11,390
65 ～ 69	19,820	15,230	15,680	16,510	16,050	15,690
70 ～ 74	22,480	15,390	14,400	13,070	11,950	11,610
75 歳以上	20,880	20,980	19,530	19,990	19,900	19,940
男	112,370	89,420	86,010	82,660	78,770	75,310
15 ～ 19 歳	460	320	430	440	320	240
20 ～ 24	1,610	1,100	950	910	1,020	1,030
25 ～ 29	2,390	1,810	1,760	1,360	1,360	1,130
30 ～ 34	3,070	2,340	2,380	2,410	2,260	2,140
35 ～ 39	4,250	3,150	3,000	2,800	2,670	2,510
40 ～ 44	5,600	4,220	4,280	3,630	3,380	2,970
45 ～ 49	7,250	5,290	5,270	5,400	4,970	4,580
50 ～ 54	9,110	6,800	6,630	6,100	5,530	5,430
55 ～ 59	13,360	8,700	8,180	8,070	7,550	7,170
60 ～ 64	13,670	12,820	11,650	10,200	9,710	8,890
65 ～ 69	14,990	12,200	12,340	12,990	12,880	12,450
70 ～ 74	18,330	12,380	11,700	10,740	9,570	9,480
75 歳以上	18,300	18,300	17,450	17,630	17,540	17,300
女	28,680	19,820	18,710	17,860	16,980	16,640
15 ～ 19 歳	30	30	80	50	30	20
20 ～ 24	130	70	110	70	80	90
25 ～ 29	240	180	120	150	110	160
30 ～ 34	460	280	340	270	220	210
35 ～ 39	910	580	670	580	500	510
40 ～ 44	1,490	880	770	690	750	690
45 ～ 49	2,110	1,360	1,200	1,150	1,160	1,120
50 ～ 54	2,950	1,800	1,640	1,600	1,420	1,470
55 ～ 59	4,390	2,410	2,490	2,150	1,920	1,860
60 ～ 64	4,390	3,520	3,180	2,940	2,890	2,500
65 ～ 69	4,830	3,020	3,340	3,520	3,170	3,240
70 ～ 74	4,150	3,010	2,710	2,340	2,380	2,140
75 歳以上	2,590	2,680	2,080	2,360	2,350	2,640

年次別統計表

1 男女別・年齢階層別漁業就業者数（全国）（続き）
(3) 漁業雇われ

単位：人

区　分	平成20年 (セ)	25 (セ)	26	27	28	29
総　　　　数	80,860	71,740	68,320	66,100	64,280	61,530
15 ～ 19 歳	810	920	950	1,150	950	990
20 ～ 24	3,580	3,050	3,320	3,560	3,510	3,240
25 ～ 29	5,140	4,920	4,980	4,700	3,790	3,730
30 ～ 34	5,640	5,980	5,680	5,410	5,530	5,370
35 ～ 39	6,440	5,910	6,130	6,140	5,990	6,010
40 ～ 44	7,450	6,710	6,910	6,370	5,970	5,670
45 ～ 49	8,080	6,640	6,450	5,950	6,300	5,710
50 ～ 54	9,720	7,560	6,990	6,510	6,500	6,170
55 ～ 59	11,380	8,400	7,920	7,550	7,140	6,630
60 ～ 64	9,980	9,620	7,980	7,900	7,220	6,570
65 ～ 69	6,540	6,060	5,960	6,000	6,560	5,970
70 ～ 74	4,490	3,830	3,430	3,220	3,190	3,530
75 歳 以 上	1,600	2,150	1,630	1,640	1,630	1,940
男	75,450	67,690	64,450	62,060	60,720	57,200
15 ～ 19 歳	790	900	950	1,150	950	930
20 ～ 24	3,510	3,000	3,270	3,420	3,420	3,190
25 ～ 29	5,030	4,810	4,860	4,610	3,750	3,670
30 ～ 34	5,410	5,830	5,600	5,330	5,460	5,280
35 ～ 39	6,150	5,690	6,020	6,060	5,920	5,920
40 ～ 44	6,990	6,400	6,560	5,840	5,770	5,290
45 ～ 49	7,500	6,280	6,150	5,620	5,990	5,430
50 ～ 54	8,970	7,130	6,590	6,200	6,260	5,550
55 ～ 59	10,440	7,830	7,410	6,750	6,510	6,060
60 ～ 64	9,050	8,920	7,220	7,220	6,550	5,930
65 ～ 69	5,990	5,530	5,210	5,410	5,840	5,320
70 ～ 74	4,150	3,470	3,120	3,040	2,790	2,860
75 歳 以 上	1,480	1,910	1,490	1,420	1,510	1,770
女	5,410	4,050	3,870	4,030	3,550	4,340
15 ～ 19 歳	20	20	-	10	-	60
20 ～ 24	80	50	50	140	100	60
25 ～ 29	120	110	120	100	40	60
30 ～ 34	230	150	70	80	60	90
35 ～ 39	290	220	110	80	70	90
40 ～ 44	460	300	350	530	200	380
45 ～ 49	580	360	300	320	310	280
50 ～ 54	750	440	400	310	250	620
55 ～ 59	940	570	510	800	630	570
60 ～ 64	930	710	760	680	670	630
65 ～ 69	560	530	750	580	720	650
70 ～ 74	340	360	310	180	400	670
75 歳 以 上	120	240	140	220	120	170

年次別統計表

2 大海区別漁業就業者数（全国）

(1) 総数

単位：人

区　分	平成20年 （セ）	25（セ）	26	27	28	29
全　　　　国	221,910	180,990	173,030	166,610	160,020	153,490
北海道太平洋北区	21,120	18,850	19,770	18,340	18,300	16,380
太 平 洋 北 区	28,360	18,960	19,370	17,820	16,860	16,490
太 平 洋 中 区	31,070	25,840	23,690	23,460	22,630	20,590
太 平 洋 南 区	19,550	15,850	14,510	14,230	13,490	12,520
北海道日本海北区	12,450	10,800	10,830	10,530	10,260	11,440
日 本 海 北 区	12,740	10,990	10,230	10,330	9,610	9,280
日 本 海 西 区	13,570	11,540	10,760	9,990	9,500	9,020
東 シ ナ 海 区	52,450	43,680	40,490	39,040	37,450	36,680
瀬 戸 内 海 区	30,590	24,480	23,390	22,890	21,920	21,100

(2) 自営漁業のみ

単位：人

区　分	平成20年 （セ）	25（セ）	26	27	28	29
全　　　　国	141,050	109,250	104,710	100,520	95,740	91,950
北海道太平洋北区	11,690	9,490	10,540	9,910	9,830	9,110
太 平 洋 北 区	18,090	10,050	10,580	10,370	9,950	9,520
太 平 洋 中 区	20,540	16,650	14,570	14,010	13,440	12,520
太 平 洋 南 区	11,380	9,230	8,440	7,730	7,440	6,940
北海道日本海北区	4,620	3,770	4,340	4,500	3,890	4,050
日 本 海 北 区	8,120	6,660	6,860	6,670	6,200	5,990
日 本 海 西 区	8,280	6,490	5,750	5,600	5,230	4,770
東 シ ナ 海 区	35,900	29,540	27,110	26,210	24,960	24,670
瀬 戸 内 海 区	22,450	17,370	16,520	15,520	14,800	14,400

(3) 漁業雇われ

単位：人

区　分	平成20年 （セ）	25（セ）	26	27	28	29
全　　　　国	80,860	71,740	68,320	66,100	64,280	61,530
北海道太平洋北区	9,430	9,360	9,230	8,420	8,480	7,270
太 平 洋 北 区	10,280	8,910	8,790	7,460	6,900	6,970
太 平 洋 中 区	10,530	9,190	9,120	9,450	9,190	8,080
太 平 洋 南 区	8,180	6,610	6,070	6,500	6,040	5,580
北海道日本海北区	7,840	7,030	6,480	6,030	6,370	7,400
日 本 海 北 区	4,620	4,330	3,370	3,660	3,420	3,290
日 本 海 西 区	5,290	5,040	5,010	4,390	4,270	4,250
東 シ ナ 海 区	16,560	14,150	13,380	12,830	12,480	12,010
瀬 戸 内 海 区	8,140	7,110	6,880	7,360	7,120	6,700

年次別統計表

3 漁業経営体数（全国）

単位：経営体

区分	平成20年(セ)	25 (セ)	26	27	28	29
総数	115,200	94,510	88,550	85,210	81,880	78,890
個人経営体	109,450	89,470	83,820	80,570	77,370	74,470
団体経営体	5,750	5,040	4,740	4,640	4,500	4,420

4 男女別・年齢区分別世帯員数（個人経営体出身）（全国）

単位：人

区分	平成20年(セ)	25 (セ)	26	27	28	29
総数	367,460	284,950	259,690	247,650	235,010	222,560
14歳以下	37,270	26,030	23,890	21,950	20,180	18,320
15歳以上	330,190	258,920	235,800	225,700	214,840	204,230
男	190,340	149,550	136,090	129,350	123,540	116,900
14歳以下	19,050	13,310	12,120	10,870	10,140	9,090
15歳以上	171,290	136,250	123,970	118,480	113,410	107,810
女	177,110	135,400	123,600	118,300	111,470	105,650
14歳以下	18,220	12,730	11,770	11,080	10,030	9,230
15歳以上	158,890	122,670	111,830	107,220	101,440	96,420

5 大海区別世帯員数（個人経営体出身）（全国）

単位：人

区分	平成20年(セ)	25 (セ)	26	27	28	29
全国	367,460	284,950	259,690	247,650	235,010	222,560
北海道太平洋北区	30,670	25,750	23,790	21,700	21,310	19,410
太平洋北区	48,780	28,780	26,970	26,570	25,610	23,720
太平洋中区	52,560	42,620	37,450	35,370	33,350	30,690
太平洋南区	28,330	22,000	19,090	17,310	16,660	15,680
北海道日本海北区	15,370	12,720	13,030	12,560	11,600	10,970
日本海北区	22,920	18,090	16,320	15,640	14,760	14,220
日本海西区	26,490	20,530	19,080	18,220	16,870	15,860
東シナ海区	87,230	71,160	65,740	62,740	59,300	57,520
瀬戸内海区	55,120	43,310	38,230	37,540	35,560	34,490

平成29年統計表

全国編

全　国

1　漁業就業者数

(1)　男女別、自営漁業のみ・漁業雇われ別漁業就業者数

単位：人

区　分	計	15～19歳	20～24	25～29	30～34	35～39	40～44
総　　数	153,490	1,240	4,370	5,020	7,720	9,030	9,330
自営漁業のみ	91,950	250	1,120	1,280	2,350	3,020	3,660
漁業雇われ	61,530	990	3,240	3,730	5,370	6,010	5,670
男	132,510	1,160	4,220	4,800	7,420	8,430	8,260
自営漁業のみ	75,310	240	1,030	1,130	2,140	2,510	2,970
漁業雇われ	57,200	930	3,190	3,670	5,280	5,920	5,290
女	20,980	70	150	220	300	600	1,070
自営漁業のみ	16,640	20	90	160	210	510	690
漁業雇われ	4,340	60	60	60	90	90	380

区　分	45～49	50～54	55～59	60～64	65～69	70～74	75歳以上
総　　数	11,410	13,070	15,670	17,950	21,670	15,140	21,880
自営漁業のみ	5,700	6,900	9,030	11,390	15,690	11,610	19,940
漁業雇われ	5,710	6,170	6,630	6,570	5,970	3,530	1,940
男	10,010	10,980	13,230	14,820	17,770	12,340	19,070
自営漁業のみ	4,580	5,430	7,170	8,890	12,450	9,480	17,300
漁業雇われ	5,430	5,550	6,060	5,930	5,320	2,860	1,770
女	1,410	2,100	2,430	3,130	3,890	2,800	2,820
自営漁業のみ	1,120	1,470	1,860	2,500	3,240	2,140	2,640
漁業雇われ	280	620	570	630	650	670	170

(2)　自営漁業のみ漁業就業者数

ア　沿岸、沖合・遠洋別漁業就業者数

単位：人

区　分	計	沿　岸	沖合・遠洋
総　　数	91,950	88,670	3,280
男	75,310	72,130	3,180
女	16,640	16,540	100

全　国

イ　海上作業従事日数別漁業就業者数

単位：人

区分	計	30～89日	90～149	150～199	200～249	250日以上
総数	91,950	19,820	28,570	18,530	14,980	10,070
15～19歳	250	100	50	60	40	10
20～24	1,120	130	240	300	190	270
25～29	1,280	110	270	320	350	250
30～34	2,350	310	630	380	710	320
35～39	3,020	390	810	780	570	480
40～44	3,660	660	870	700	720	710
45～49	5,700	1,000	1,160	1,290	1,130	1,140
50～54	6,900	1,380	1,550	1,460	1,510	1,000
55～59	9,030	1,490	2,690	1,990	1,730	1,130
60～64	11,390	2,040	3,440	2,510	2,040	1,340
65～69	15,690	3,510	4,860	3,160	2,640	1,530
70～74	11,610	2,380	4,240	2,340	1,620	1,030
75歳以上	19,940	6,320	7,770	3,250	1,730	870
男	75,310	14,510	23,500	15,120	13,020	9,170
15～19歳	240	100	50	40	40	10
20～24	1,030	90	200	280	190	270
25～29	1,130	40	240	300	320	230
30～34	2,140	230	580	360	670	320
35～39	2,510	250	580	710	530	440
40～44	2,970	500	710	590	570	600
45～49	4,580	640	920	980	980	1,080
50～54	5,430	730	1,330	1,200	1,280	900
55～59	7,170	1,090	2,090	1,520	1,440	1,040
60～64	8,890	1,390	2,700	1,920	1,650	1,220
65～69	12,450	2,520	3,810	2,500	2,280	1,350
70～74	9,480	1,790	3,400	1,900	1,460	920
75歳以上	17,300	5,150	6,890	2,830	1,630	790
女	16,640	5,310	5,070	3,410	1,960	910
15～19歳	20	-	-	20	-	-
20～24	90	50	30	10	-	-
25～29	160	70	30	20	30	20
30～34	210	90	60	20	50	-
35～39	510	140	220	70	40	40
40～44	690	160	160	110	150	110
45～49	1,120	370	240	310	150	60
50～54	1,470	650	220	260	240	110
55～59	1,860	410	600	480	290	90
60～64	2,500	650	740	600	390	120
65～69	3,240	990	1,050	660	360	180
70～74	2,140	590	840	440	160	110
75歳以上	2,640	1,170	880	420	100	80

全　国

1　漁業就業者数（続き）
(3)　専兼業区分別漁業就業者数（個人経営体出身）
ア　総数

単位：人

区　分	計	自営漁業のみ	自営漁業が主	自営漁業が従
総　数	102,420	91,950	6,170	4,300
15 ～ 19 歳	250	250	-	-
20 ～ 24	1,390	1,120	120	160
25 ～ 29	1,650	1,280	160	210
30 ～ 34	2,830	2,350	270	220
35 ～ 39	3,750	3,020	390	340
40 ～ 44	4,580	3,660	540	370
45 ～ 49	6,460	5,700	460	300
50 ～ 54	8,230	6,900	670	650
55 ～ 59	10,360	9,030	700	620
60 ～ 64	12,570	11,390	730	460
65 ～ 69	17,050	15,690	780	580
70 ～ 74	12,380	11,610	550	220
75 歳 以 上	20,910	19,940	820	160
男	85,050	75,310	5,830	3,910
15 ～ 19 歳	240	240	-	-
20 ～ 24	1,310	1,030	120	160
25 ～ 29	1,480	1,130	160	200
30 ～ 34	2,600	2,140	250	200
35 ～ 39	3,210	2,510	370	330
40 ～ 44	3,850	2,970	510	370
45 ～ 49	5,320	4,580	460	280
50 ～ 54	6,670	5,430	660	590
55 ～ 59	8,400	7,170	660	560
60 ～ 64	9,990	8,890	710	400
65 ～ 69	13,650	12,450	680	510
70 ～ 74	10,120	9,480	480	170
75 歳 以 上	18,220	17,300	790	140
女	17,370	16,640	340	390
15 ～ 19 歳	20	20	-	-
20 ～ 24	90	90	-	-
25 ～ 29	170	160	-	10
30 ～ 34	240	210	20	20
35 ～ 39	540	510	20	10
40 ～ 44	730	690	40	-
45 ～ 49	1,140	1,120	-	20
50 ～ 54	1,550	1,470	10	70
55 ～ 59	1,960	1,860	40	60
60 ～ 64	2,580	2,500	20	70
65 ～ 69	3,410	3,240	100	70
70 ～ 74	2,260	2,140	70	50
75 歳 以 上	2,690	2,640	30	10

全　国

イ　専業

単位：人

区　分	計	自営漁業のみ	自営漁業が主	自営漁業が従
総　　数	58,070	58,070	-	-
15 ～ 19 歳	200	200	-	-
20 ～ 24	770	770	-	-
25 ～ 29	810	810	-	-
30 ～ 34	1,500	1,500	-	-
35 ～ 39	1,900	1,900	-	-
40 ～ 44	2,340	2,340	-	-
45 ～ 49	3,720	3,720	-	-
50 ～ 54	4,140	4,140	-	-
55 ～ 59	5,090	5,090	-	-
60 ～ 64	6,960	6,960	-	-
65 ～ 69	9,740	9,740	-	-
70 ～ 74	7,850	7,850	-	-
75 歳 以 上	13,060	13,060	-	-
男	47,230	47,230	-	-
15 ～ 19 歳	180	180	-	-
20 ～ 24	710	710	-	-
25 ～ 29	710	710	-	-
30 ～ 34	1,370	1,370	-	-
35 ～ 39	1,640	1,640	-	-
40 ～ 44	1,860	1,860	-	-
45 ～ 49	2,970	2,970	-	-
50 ～ 54	3,200	3,200	-	-
55 ～ 59	3,880	3,880	-	-
60 ～ 64	5,520	5,520	-	-
65 ～ 69	7,570	7,570	-	-
70 ～ 74	6,250	6,250	-	-
75 歳 以 上	11,380	11,380	-	-
女	10,840	10,840	-	-
15 ～ 19 歳	20	20	-	-
20 ～ 24	60	60	-	-
25 ～ 29	90	90	-	-
30 ～ 34	130	130	-	-
35 ～ 39	260	260	-	-
40 ～ 44	480	480	-	-
45 ～ 49	750	750	-	-
50 ～ 54	950	950	-	-
55 ～ 59	1,210	1,210	-	-
60 ～ 64	1,450	1,450	-	-
65 ～ 69	2,170	2,170	-	-
70 ～ 74	1,610	1,610	-	-
75 歳 以 上	1,680	1,680	-	-

全　国

1　漁業就業者数（続き）
(3)　専兼業区分別漁業就業者数（個人経営体出身）（続き）
ウ　第1種兼業

単位：人

区　分	計	自営漁業のみ	自営漁業が主	自営漁業が従
総　数	28,030	21,090	5,980	970
15 〜 19 歳	40	40	-	-
20 〜 24	480	300	120	70
25 〜 29	660	440	140	80
30 〜 34	990	690	270	30
35 〜 39	1,370	900	370	100
40 〜 44	1,470	870	510	90
45 〜 49	1,850	1,260	460	130
50 〜 54	2,670	1,880	670	120
55 〜 59	3,080	2,300	700	80
60 〜 64	3,530	2,780	710	40
65 〜 69	4,690	3,790	760	140
70 〜 74	2,730	2,190	510	30
75 歳 以 上	4,480	3,680	760	40
男	22,990	16,540	5,650	800
15 〜 19 歳	40	40	-	-
20 〜 24	470	280	120	70
25 〜 29	580	370	140	70
30 〜 34	880	620	250	10
35 〜 39	1,090	650	350	90
40 〜 44	1,250	690	480	90
45 〜 49	1,520	950	460	110
50 〜 54	2,250	1,490	660	110
55 〜 59	2,510	1,780	660	70
60 〜 64	2,620	1,910	690	10
65 〜 69	3,690	2,900	660	130
70 〜 74	2,280	1,830	460	-
75 歳 以 上	3,810	3,040	730	40
女	5,040	4,550	330	170
15 〜 19 歳	-	-	-	-
20 〜 24	10	10	-	-
25 〜 29	80	60	-	10
30 〜 34	110	70	20	20
35 〜 39	280	250	20	10
40 〜 44	220	180	40	-
45 〜 49	330	310	-	20
50 〜 54	420	390	10	20
55 〜 59	570	520	40	10
60 〜 64	910	870	20	30
65 〜 69	1,000	880	100	20
70 〜 74	450	360	60	30
75 歳 以 上	670	640	30	-

全　国

エ　第2種兼業

単位：人

区　分	計	自営漁業のみ	自営漁業が主	自営漁業が従
総　数	16,330	12,800	190	3,330
15 ～ 19 歳	10	10	-	-
20 ～ 24	140	60	-	90
25 ～ 29	190	40	20	130
30 ～ 34	350	160	-	190
35 ～ 39	490	230	20	240
40 ～ 44	770	460	30	280
45 ～ 49	900	730	-	170
50 ～ 54	1,410	880	-	530
55 ～ 59	2,190	1,650	-	540
60 ～ 64	2,080	1,640	20	420
65 ～ 69	2,630	2,170	20	440
70 ～ 74	1,800	1,580	30	190
75 歳 以 上	3,380	3,200	60	120
男	14,830	11,540	180	3,120
15 ～ 19 歳	10	10	-	-
20 ～ 24	130	40	-	90
25 ～ 29	190	40	20	130
30 ～ 34	350	160	-	190
35 ～ 39	480	220	20	240
40 ～ 44	740	420	30	280
45 ～ 49	830	660	-	170
50 ～ 54	1,220	740	-	480
55 ～ 59	2,010	1,520	-	490
60 ～ 64	1,850	1,450	20	380
65 ～ 69	2,390	1,990	20	390
70 ～ 74	1,590	1,400	20	170
75 歳 以 上	3,030	2,870	60	100
女	1,490	1,260	20	220
15 ～ 19 歳	-	-	-	-
20 ～ 24	10	10	-	-
25 ～ 29	-	-	-	-
30 ～ 34	-	-	-	-
35 ～ 39	10	10	-	-
40 ～ 44	30	30	-	-
45 ～ 49	70	70	-	-
50 ～ 54	190	140	-	50
55 ～ 59	170	130	-	50
60 ～ 64	220	190	-	40
65 ～ 69	240	190	-	50
70 ～ 74	210	170	20	20
75 歳 以 上	340	330	-	10

全　　　国

2　漁業経営体数

単位：経営体

区　分	計	個　人　経　営　体				団体経営体
		小　計	専　業	兼　業		
				第1種兼業	第2種兼業	
総　　　数	78,890	74,470	41,790	18,830	13,850	4,420

3　世帯員数（個人経営体出身）

単位：人

区　分	計	14歳以下	15歳以上
総　　　数	222,560	18,320	204,230
専　　　業	109,580	6,750	102,830
第 1 種 兼 業	65,460	6,940	58,520
第 2 種 兼 業	47,520	4,640	42,880
男	116,900	9,090	107,810
専　　　業	58,030	3,200	54,830
第 1 種 兼 業	34,060	3,470	30,590
第 2 種 兼 業	24,820	2,430	22,390
女	105,650	9,230	96,420
専　　　業	51,550	3,550	47,990
第 1 種 兼 業	31,400	3,470	27,930
第 2 種 兼 業	22,710	2,210	20,500

平成29年統計表

大海区編

大海区

1 漁業就業者数

(1) 自営漁業のみ・漁業雇われ別漁業就業者数

単位：人

区 分	計	自営漁業のみ	漁業雇われ
全　　　　国	153,490	91,950	61,530
北海道太平洋北区	16,380	9,110	7,270
太 平 洋 北 区	16,490	9,520	6,970
太 平 洋 中 区	20,590	12,520	8,080
太 平 洋 南 区	12,520	6,940	5,580
北海道日本海北区	11,440	4,050	7,400
日 本 海 北 区	9,280	5,990	3,290
日 本 海 西 区	9,020	4,770	4,250
東 シ ナ 海 区	36,680	24,670	12,010
瀬 戸 内 海 区	21,100	14,400	6,700

(2) 自営漁業のみ海上作業従事日数別漁業就業者数

単位：人

区 分	計	30～89日	90～149	150～199	200～249	250日以上
全　　　　国	91,950	19,820	28,570	18,530	14,980	10,070
北海道太平洋北区	9,110	2,150	1,820	1,610	1,970	1,570
太 平 洋 北 区	9,520	1,960	2,390	2,060	1,360	1,750
太 平 洋 中 区	12,520	2,660	4,180	3,400	1,530	760
太 平 洋 南 区	6,940	1,700	1,940	1,260	970	1,080
北海道日本海北区	4,050	1,080	1,220	1,040	480	240
日 本 海 北 区	5,990	1,430	1,570	1,180	1,410	410
日 本 海 西 区	4,770	1,190	2,380	500	460	230
東 シ ナ 海 区	24,670	5,360	7,120	4,150	4,870	3,170
瀬 戸 内 海 区	14,400	2,320	5,950	3,330	1,940	870

(3) 専兼業区分別漁業就業者数（個人経営体出身）

単位：人

区 分	計	専　業	兼　業	
			第 1 種兼業	第 2 種兼業
全　　　　国	102,420	58,070	28,030	16,330
北海道太平洋北区	10,890	6,530	3,810	540
太 平 洋 北 区	10,250	6,060	2,850	1,350
太 平 洋 中 区	13,730	7,010	3,850	2,880
太 平 洋 南 区	7,330	4,550	1,620	1,170
北海道日本海北区	5,730	3,320	1,870	550
日 本 海 北 区	6,310	4,000	1,250	1,070
日 本 海 西 区	5,710	2,190	1,540	1,970
東 シ ナ 海 区	26,460	14,280	8,010	4,180
瀬 戸 内 海 区	16,010	10,130	3,240	2,640

大 海 区

(4) 自営漁業のみ・自営漁業と漁業雇われ別漁業就業者数（個人経営体出身）

単位：人

区　　分	計	自営漁業のみ	自営漁業と漁業雇われ
全　　　　　国	102,420	91,950	10,460
北海道太平洋北区	10,890	9,110	1,770
太 平 洋 北 区	10,250	9,520	730
太 平 洋 中 区	13,730	12,520	1,210
太 平 洋 南 区	7,330	6,940	390
北海道日本海北区	5,730	4,050	1,680
日 本 海 北 区	6,310	5,990	330
日 本 海 西 区	5,710	4,770	940
東 シ ナ 海 区	26,460	24,670	1,800
瀬 戸 内 海 区	16,010	14,400	1,610

2　漁業経営体数

単位：経営体

区　　分	計	個人経営体	団体経営体
全　　　　　国	78,890	74,470	4,420
北海道太平洋北区	6,870	6,240	630
太 平 洋 北 区	7,050	6,760	300
太 平 洋 中 区	10,750	10,320	430
太 平 洋 南 区	6,450	6,000	450
北海道日本海北区	4,450	3,910	550
日 本 海 北 区	4,580	4,400	180
日 本 海 西 区	5,290	4,970	330
東 シ ナ 海 区	20,190	19,510	680
瀬 戸 内 海 区	13,250	12,380	880

3　世帯員数（個人経営体出身）

単位：人

区　　分	計	専　業	兼業	
			第 1 種 兼 業	第 2 種 兼 業
全　　　　　国	222,560	109,580	65,460	47,520
北海道太平洋北区	19,410	11,010	7,130	1,270
太 平 洋 北 区	23,720	12,020	6,880	4,820
太 平 洋 中 区	30,690	12,890	9,170	8,630
太 平 洋 南 区	15,680	9,100	3,770	2,810
北海道日本海北区	10,970	5,820	3,710	1,440
日 本 海 北 区	14,220	7,170	3,300	3,750
日 本 海 西 区	15,860	4,490	4,910	6,460
東 シ ナ 海 区	57,520	27,460	18,950	11,120
瀬 戸 内 海 区	34,490	19,610	7,650	7,230

大海区

4 漁業就業者数（年齢階層別男女別）
(1) 漁業就業者数
ア 総数
(ア) 総数

区　分	計	15～19歳	20～24	25～29	30～34	35～39	年　齢 40～44
全　　　　国　(1)	153,490	1,240	4,370	5,020	7,720	9,030	9,330
北海道太平洋北区 (2)	16,380	100	530	520	920	1,290	1,260
太 平 洋 北 区 (3)	16,490	210	590	590	720	940	850
太 平 洋 中 区 (4)	20,590	220	650	490	930	1,220	1,100
太 平 洋 南 区 (5)	12,520	160	330	390	780	750	810
北海道日本海北区 (6)	11,440	80	390	850	790	970	1,070
日 本 海 北 区 (7)	9,280	60	90	160	390	400	490
日 本 海 西 区 (8)	9,020	120	230	430	600	490	480
東 シ ナ 海 区 (9)	36,680	180	980	930	1,520	1,890	2,140
瀬 戸 内 海 区 (10)	21,100	120	570	670	1,060	1,090	1,140

(イ) 男

区　分	計	15～19歳	20～24	25～29	30～34	35～39	年　齢 40～44
全　　　　国　(1)	132,510	1,160	4,220	4,800	7,420	8,430	8,260
北海道太平洋北区 (2)	13,350	90	510	510	890	1,140	1,080
太 平 洋 北 区 (3)	14,180	210	540	540	660	880	770
太 平 洋 中 区 (4)	18,040	180	650	470	930	1,170	1,070
太 平 洋 南 区 (5)	11,190	160	310	380	750	710	690
北海道日本海北区 (6)	9,740	80	390	830	750	950	800
日 本 海 北 区 (7)	7,700	40	90	160	350	370	440
日 本 海 西 区 (8)	8,600	120	230	430	600	490	480
東 シ ナ 海 区 (9)	30,950	170	950	830	1,440	1,730	1,870
瀬 戸 内 海 区 (10)	18,760	120	550	650	1,060	980	1,060

(ウ) 女

区　分	計	15～19歳	20～24	25～29	30～34	35～39	年　齢 40～44
全　　　　国　(1)	20,980	70	150	220	300	600	1,070
北海道太平洋北区 (2)	3,030	10	30	10	40	150	170
太 平 洋 北 区 (3)	2,310	-	50	50	70	50	90
太 平 洋 中 区 (4)	2,560	40	-	20	-	50	30
太 平 洋 南 区 (5)	1,320	-	20	10	30	40	120
北海道日本海北区 (6)	1,700	-	-	20	40	20	270
日 本 海 北 区 (7)	1,570	20	-	-	40	30	40
日 本 海 西 区 (8)	420	-	-	-	-	0	-
東 シ ナ 海 区 (9)	5,730	10	40	90	80	160	270
瀬 戸 内 海 区 (10)	2,340	-	20	20	-	110	80

大 海 区

単位：人

階　層　別							
45～49	50～54	55～59	60～64	65～69	70～74	75歳以上	
11,410	13,070	15,670	17,950	21,670	15,140	21,880	(1)
1,900	1,610	1,760	1,880	1,830	970	1,810	(2)
1,200	1,280	1,790	2,170	2,680	1,640	1,830	(3)
1,330	1,750	1,970	2,070	2,880	2,350	3,640	(4)
870	930	910	1,310	2,020	1,270	2,000	(5)
980	1,250	890	1,050	1,160	900	1,070	(6)
560	800	1,100	970	1,500	1,100	1,660	(7)
510	700	1,040	990	1,150	950	1,320	(8)
2,730	3,260	3,950	5,150	5,250	3,700	5,010	(9)
1,330	1,500	2,260	2,370	3,200	2,260	3,550	(10)

単位：人

階　層　別							
45～49	50～54	55～59	60～64	65～69	70～74	75歳以上	
10,010	10,980	13,230	14,820	17,770	12,340	19,070	(1)
1,620	1,280	1,450	1,370	1,340	690	1,370	(2)
1,090	1,120	1,550	1,730	2,160	1,280	1,650	(3)
1,110	1,530	1,710	1,780	2,380	1,900	3,150	(4)
800	820	760	1,130	1,870	1,060	1,770	(5)
840	900	710	830	1,010	650	1,010	(6)
470	610	910	830	1,150	890	1,390	(7)
510	620	1,030	920	1,080	920	1,170	(8)
2,330	2,750	3,240	4,120	4,210	3,040	4,260	(9)
1,230	1,350	1,870	2,110	2,570	1,900	3,300	(10)

単位：人

階　層　別							
45～49	50～54	55～59	60～64	65～69	70～74	75歳以上	
1,410	2,100	2,430	3,130	3,890	2,800	2,820	(1)
280	340	310	500	480	280	440	(2)
110	170	240	440	520	350	180	(3)
220	220	260	290	500	450	490	(4)
70	110	150	180	150	210	230	(5)
140	350	190	230	140	250	60	(6)
90	190	190	150	350	220	260	(7)
0	80	0	70	70	40	150	(8)
400	510	720	1,030	1,040	660	740	(9)
100	140	380	250	630	360	250	(10)

大海区

4 漁業就業者数（年齢階層別男女別）（続き）
(1) 漁業就業者数（続き）
イ 自営漁業のみ

区　分	計	年　齢						
		15〜19歳	20〜24	25〜29	30〜34	35〜39	40〜44	45〜49
全　　　　国　(1)	91,950	250	1,120	1,280	2,350	3,020	3,660	5,700
北海道太平洋北区　(2)	9,110	50	220	50	210	460	430	910
太 平 洋 北 区　(3)	9,520	40	130	180	280	440	460	620
太 平 洋 中 区　(4)	12,520	30	140	80	220	370	450	770
太 平 洋 南 区　(5)	6,940	-	20	100	260	180	240	350
北海道日本海北区　(6)	4,050	-	120	170	160	210	190	370
日 本 海 北 区　(7)	5,990	50	20	60	130	180	250	310
日 本 海 西 区　(8)	4,770	-	-	70	70	50	90	210
東 シ ナ 海 区　(9)	24,670	50	240	420	590	730	970	1,590
瀬 戸 内 海 区　(10)	14,400	40	240	160	440	420	580	580

ウ 漁業雇われ

区　分	計	年　齢						
		15〜19歳	20〜24	25〜29	30〜34	35〜39	40〜44	45〜49
全　　　　国　(1)	61,530	990	3,240	3,730	5,370	6,010	5,670	5,710
北海道太平洋北区　(2)	7,270	50	310	470	710	840	830	990
太 平 洋 北 区　(3)	6,970	170	450	420	440	500	390	580
太 平 洋 中 区　(4)	8,080	200	520	400	720	840	650	560
太 平 洋 南 区　(5)	5,580	160	310	290	520	570	570	520
北海道日本海北区　(6)	7,400	80	280	690	630	760	880	610
日 本 海 北 区　(7)	3,290	10	70	100	260	220	240	250
日 本 海 西 区　(8)	4,250	120	230	360	530	450	390	310
東 シ ナ 海 区　(9)	12,010	130	740	510	930	1,160	1,170	1,140
瀬 戸 内 海 区　(10)	6,700	90	340	500	620	670	560	750

大 海 区

単位：人

階　層　別						男	女	
50～54	55～59	60～64	65～69	70～74	75歳以上			
6,900	9,030	11,390	15,690	11,610	19,940	75,310	16,640	(1)
830	900	1,190	1,330	790	1,740	6,130	2,990	(2)
630	910	1,150	1,820	1,210	1,650	7,460	2,060	(3)
1,050	1,200	1,350	2,110	1,620	3,130	10,410	2,110	(4)
460	430	740	1,320	950	1,900	5,970	970	(5)
370	330	410	500	320	900	3,480	560	(6)
430	710	690	960	740	1,460	4,930	1,060	(7)
350	580	540	810	800	1,210	4,370	400	(8)
1,900	2,420	3,540	4,250	3,190	4,800	20,260	4,410	(9)
890	1,570	1,770	2,590	1,990	3,150	12,300	2,100	(10)

単位：人

階　層　別						男	女	
50～54	55～59	60～64	65～69	70～74	75歳以上			
6,170	6,630	6,570	5,970	3,530	1,940	57,200	4,340	(1)
780	860	680	500	170	70	7,220	50	(2)
650	890	1,010	860	430	180	6,720	250	(3)
700	770	710	780	730	510	7,630	450	(4)
470	480	570	700	320	100	5,220	360	(5)
870	570	640	650	580	170	6,260	1,140	(6)
370	390	290	540	360	200	2,780	510	(7)
350	460	460	340	160	110	4,230	20	(8)
1,360	1,540	1,610	1,000	520	210	10,690	1,330	(9)
610	680	590	610	270	400	6,460	240	(10)

大 海 区

4 漁業就業者数（年齢階層別男女別）（続き）
(2) 漁業就業者数（個人経営体出身）
ア 総数

区　分		計	15～19歳	20～24	25～29	30～34	35～39	40～44	年　齢 45～49
全　　　国	(1)	102,420	250	1,390	1,650	2,830	3,750	4,580	6,460
北海道太平洋北区	(2)	10,890	50	320	120	250	550	670	1,110
太 平 洋 北 区	(3)	10,250	40	150	190	300	470	480	700
太 平 洋 中 区	(4)	13,730	30	160	140	340	510	490	840
太 平 洋 南 区	(5)	7,330	-	20	110	260	240	250	360
北海道日本海北区	(6)	5,730	-	170	220	240	300	410	530
日 本 海 北 区	(7)	6,310	50	40	60	150	190	250	330
日 本 海 西 区	(8)	5,710	-	-	90	90	70	270	250
東 シ ナ 海 区	(9)	26,460	50	260	480	620	880	1,060	1,670
瀬 戸 内 海 区	(10)	16,010	40	290	240	580	540	710	670

イ 自営漁業のみ・自営漁業と漁業雇われ別漁業就業者数
(ア) 自営漁業のみ

区　分		計	15～19歳	20～24	25～29	30～34	35～39	40～44	年　齢 45～49
全　　　国	(1)	91,950	250	1,120	1,280	2,350	3,020	3,660	5,700
北海道太平洋北区	(2)	9,110	50	220	50	210	460	430	910
太 平 洋 北 区	(3)	9,520	40	130	180	280	440	460	620
太 平 洋 中 区	(4)	12,520	30	140	80	220	370	450	770
太 平 洋 南 区	(5)	6,940	-	20	100	260	180	240	350
北海道日本海北区	(6)	4,050	-	120	170	160	210	190	370
日 本 海 北 区	(7)	5,990	50	20	60	130	180	250	310
日 本 海 西 区	(8)	4,770	-	-	70	70	50	90	210
東 シ ナ 海 区	(9)	24,670	50	240	420	590	730	970	1,590
瀬 戸 内 海 区	(10)	14,400	40	240	160	440	420	580	580

(イ) 自営漁業と漁業雇われ
a 計

区　分		計	15～19歳	20～24	25～29	30～34	35～39	40～44	年　齢 45～49
全　　　国	(1)	10,460	-	270	360	490	730	920	760
北海道太平洋北区	(2)	1,770	-	90	70	40	90	240	200
太 平 洋 北 区	(3)	730	-	10	10	10	40	10	80
太 平 洋 中 区	(4)	1,210	-	30	50	120	140	40	70
太 平 洋 南 区	(5)	390	-	-	20	-	70	20	20
北海道日本海北区	(6)	1,680	-	60	60	90	90	220	160
日 本 海 北 区	(7)	330	-	10	-	20	10	-	20
日 本 海 西 区	(8)	940	-	-	20	20	20	180	50
東 シ ナ 海 区	(9)	1,800	-	20	60	30	150	90	80
瀬 戸 内 海 区	(10)	1,610	-	50	70	150	130	130	90

大 海 区

単位：人

階　層　別						男	女	
50～54	55～59	60～64	65～69	70～74	75歳以上			
8,230	10,360	12,570	17,050	12,380	20,910	85,050	17,370	(1)
1,060	1,110	1,350	1,550	900	1,860	7,860	3,020	(2)
710	970	1,210	2,010	1,260	1,780	8,100	2,150	(3)
1,200	1,320	1,530	2,250	1,720	3,200	11,390	2,340	(4)
490	460	770	1,370	990	2,000	6,310	1,020	(5)
650	470	580	670	450	1,030	5,130	600	(6)
450	740	690	1,060	790	1,520	5,240	1,070	(7)
470	740	740	910	820	1,260	5,270	440	(8)
2,090	2,720	3,780	4,510	3,360	4,990	21,930	4,530	(9)
1,100	1,830	1,920	2,730	2,100	3,280	13,820	2,190	(10)

単位：人

階　層　別						男	女	
50～54	55～59	60～64	65～69	70～74	75歳以上			
6,900	9,030	11,390	15,690	11,610	19,940	75,310	16,640	(1)
830	900	1,190	1,330	790	1,740	6,130	2,990	(2)
630	910	1,150	1,820	1,210	1,650	7,460	2,060	(3)
1,050	1,200	1,350	2,110	1,620	3,130	10,410	2,110	(4)
460	430	740	1,320	950	1,900	5,970	970	(5)
370	330	410	500	320	900	3,480	560	(6)
430	710	690	960	740	1,460	4,930	1,060	(7)
350	580	540	810	800	1,210	4,370	400	(8)
1,900	2,420	3,540	4,250	3,190	4,800	20,260	4,410	(9)
890	1,570	1,770	2,590	1,990	3,150	12,300	2,100	(10)

単位：人

階　層　別						男	女	
50～54	55～59	60～64	65～69	70～74	75歳以上			
1,320	1,320	1,190	1,360	770	970	9,740	720	(1)
230	210	160	230	110	120	1,740	40	(2)
80	60	60	190	40	130	640	90	(3)
160	120	180	140	100	70	980	240	(4)
30	30	30	50	30	100	340	50	(5)
280	150	170	170	130	130	1,640	40	(6)
20	40	-	100	50	60	310	20	(7)
120	160	210	90	20	50	900	40	(8)
200	300	240	260	180	190	1,670	120	(9)
220	250	150	150	110	130	1,520	90	(10)

大海区

4 漁業就業者数（年齢階層別男女別）（続き）
(2) 漁業就業者数（個人経営体出身）（続き）
イ 自営漁業のみ・自営漁業と漁業雇われ別漁業就業者数（続き）
(イ) 自営漁業と漁業雇われ（続き）
b 自営漁業が主

区　分	計	15～19歳	20～24	25～29	30～34	35～39	40～44	45～49
全　　　　国　(1)	6,170	-	120	160	270	390	540	460
北海道太平洋北区 (2)	1,070	-	10	10	30	70	130	120
太 平 洋 北 区 (3)	430	-	10	-	-	30	10	40
太 平 洋 中 区 (4)	490	-	10	10	40	40	30	30
太 平 洋 南 区 (5)	130	-	-	-	-	20	-	-
北海道日本海北区 (6)	1,320	-	40	40	70	70	200	150
日 本 海 北 区 (7)	180	-	-	-	-	-	-	-
日 本 海 西 区 (8)	410	-	-	-	20	-	40	50
東 シ ナ 海 区 (9)	1,180	-	20	30	20	80	60	30
瀬 戸 内 海 区 (10)	970	-	20	50	90	90	70	50

c 自営漁業が従

区　分	計	15～19歳	20～24	25～29	30～34	35～39	40～44	45～49
全　　　　国　(1)	4,300	-	160	210	220	340	370	300
北海道太平洋北区 (2)	700	-	80	50	10	30	110	80
太 平 洋 北 区 (3)	300	-	-	10	10	10	-	40
太 平 洋 中 区 (4)	730	-	10	40	80	100	10	40
太 平 洋 南 区 (5)	260	-	-	20	-	50	20	20
北海道日本海北区 (6)	370	-	20	20	20	20	20	20
日 本 海 北 区 (7)	150	-	10	-	20	10	-	20
日 本 海 西 区 (8)	530	-	-	20	-	20	140	-
東 シ ナ 海 区 (9)	620	-	-	30	20	80	30	50
瀬 戸 内 海 区 (10)	630	-	40	20	50	40	50	40

大 海 区

単位：人

階　層　別						男	女	
50～54	55～59	60～64	65～69	70～74	75歳以上			
670	700	730	780	550	820	5,830	340	(1)
110	120	130	170	80	90	1,040	30	(2)
40	40	60	100	30	90	400	40	(3)
50	10	70	40	90	60	420	60	(4)
-	-	20	-	-	100	130	-	(5)
190	120	100	90	100	130	1,300	20	(6)
10	10	-	80	20	50	160	20	(7)
20	20	120	70	20	50	370	40	(8)
140	210	180	140	120	170	1,130	60	(9)
110	160	50	90	90	90	880	90	(10)

単位：人

階　層　別						男	女	
50～54	55～59	60～64	65～69	70～74	75歳以上			
650	620	460	580	220	160	3,910	390	(1)
120	90	30	50	30	30	690	10	(2)
40	30	-	100	20	40	250	50	(3)
100	100	110	100	10	10	560	180	(4)
30	30	20	50	30	-	210	50	(5)
90	30	60	70	30	-	350	20	(6)
10	20	-	10	20	10	150	-	(7)
90	140	90	20	-	-	530	-	(8)
60	90	60	120	60	30	550	70	(9)
110	90	90	50	20	40	630	-	(10)

大海区

4 漁業就業者数（年齢階層別男女別）（続き）
(2) 漁業就業者数（個人経営体出身）（続き）
ウ 専兼業区分別漁業就業者数
(ｱ) 専業

区　　分	計	15～19歳	20～24	25～29	30～34	35～39	年　齢 40～44	45～49
全　　　国　(1)	58,070	200	770	810	1,500	1,900	2,340	3,720
北海道太平洋北区 (2)	6,530	40	170	40	90	250	340	680
太 平 洋 北 区 (3)	6,060	-	110	130	150	320	270	410
太 平 洋 中 区 (4)	7,010	30	100	80	140	190	260	450
太 平 洋 南 区 (5)	4,550	-	-	70	210	160	130	120
北海道日本海北区 (6)	3,320	-	60	120	140	190	180	300
日 本 海 北 区 (7)	4,000	50	20	50	110	140	170	230
日 本 海 西 区 (8)	2,190	-	-	50	20	20	50	20
東 シ ナ 海 区 (9)	14,280	50	140	180	330	320	600	1,120
瀬 戸 内 海 区 (10)	10,130	40	180	90	310	310	340	400

(ｲ) 第1種兼業
a 計

区　　分	計	15～19歳	20～24	25～29	30～34	35～39	年　齢 40～44	45～49
全　　　国　(1)	28,030	40	480	660	990	1,370	1,470	1,850
北海道太平洋北区 (2)	3,810	10	90	80	160	260	250	400
太 平 洋 北 区 (3)	2,850	30	40	60	140	120	150	210
太 平 洋 中 区 (4)	3,850	-	40	10	110	200	150	210
太 平 洋 南 区 (5)	1,620	-	20	50	50	20	70	120
北海道日本海北区 (6)	1,870	-	90	60	90	90	220	200
日 本 海 北 区 (7)	1,250	-	10	10	10	40	50	70
日 本 海 西 区 (8)	1,540	-	-	20	50	20	80	120
東 シ ナ 海 区 (9)	8,010	-	110	260	240	450	330	340
瀬 戸 内 海 区 (10)	3,240	-	90	110	140	180	180	180

b 自営漁業のみ

区　　分	計	15～19歳	20～24	25～29	30～34	35～39	年　齢 40～44	45～49
全　　　国　(1)	21,090	40	300	440	690	900	870	1,260
北海道太平洋北区 (2)	2,360	10	50	10	120	180	80	220
太 平 洋 北 区 (3)	2,300	30	30	40	140	80	140	160
太 平 洋 中 区 (4)	3,320	-	30	-	50	130	120	170
太 平 洋 南 区 (5)	1,470	-	20	30	50	-	70	120
北海道日本海北区 (6)	480	-	30	20	20	20	20	60
日 本 海 北 区 (7)	1,040	-	-	10	10	40	50	60
日 本 海 西 区 (8)	1,110	-	20	20	20	20	70	
東 シ ナ 海 区 (9)	6,720	-	90	230	230	340	250	310
瀬 戸 内 海 区 (10)	2,300	-	50	70	50	90	130	110

大 海 区

単位：人

階　層　別						男	女	
50〜54	55〜59	60〜64	65〜69	70〜74	75歳以上			
4,140	5,090	6,960	9,740	7,850	13,060	47,230	10,840	(1)
570	680	810	900	650	1,320	4,630	1,900	(2)
410	550	780	1,070	860	1,010	4,650	1,410	(3)
430	620	690	1,190	960	1,860	5,750	1,270	(4)
250	250	560	870	710	1,240	4,050	500	(5)
310	230	350	430	240	770	2,920	400	(6)
300	460	390	600	480	1,010	3,020	990	(7)
90	190	210	430	450	660	2,010	180	(8)
1,110	1,070	1,900	2,460	2,100	2,930	11,680	2,600	(9)
670	1,050	1,280	1,790	1,410	2,260	8,540	1,600	(10)

単位：人

階　層　別						男	女	
50〜54	55〜59	60〜64	65〜69	70〜74	75歳以上			
2,670	3,080	3,530	4,690	2,730	4,480	22,990	5,040	(1)
420	340	480	600	220	500	2,760	1,050	(2)
190	200	300	690	280	450	2,210	640	(3)
530	330	500	560	540	680	3,170	680	(4)
160	150	100	290	150	450	1,310	310	(5)
270	190	120	150	170	240	1,690	180	(6)
100	90	120	300	160	290	1,190	60	(7)
90	190	340	290	140	210	1,430	110	(8)
670	1,130	1,290	1,220	760	1,240	6,420	1,600	(9)
240	470	290	600	330	430	2,800	430	(10)

単位：人

階　層　別						男	女	
50〜54	55〜59	60〜64	65〜69	70〜74	75歳以上			
1,880	2,300	2,780	3,790	2,190	3,680	16,540	4,550	(1)
230	180	330	400	140	390	1,350	1,010	(2)
150	160	250	550	240	350	1,750	550	(3)
460	320	410	520	470	650	2,730	590	(4)
160	150	90	300	150	350	1,160	310	(5)
50	70	40	20	60	110	320	160	(6)
90	80	120	200	140	250	990	50	(7)
70	160	220	220	120	160	1,040	70	(8)
540	870	1,090	1,080	620	1,070	5,230	1,480	(9)
130	310	240	510	250	360	1,960	340	(10)

大海区

4 漁業就業者数（年齢階層別男女別）（続き）
(2) 漁業就業者数（個人経営体出身）（続き）
ウ 専兼業区分別漁業就業者数（続き）
(イ) 第1種兼業（続き）
c 自営漁業が主

区　　分	計	15～19歳	20～24	25～29	30～34	35～39	40～44	45～49
全　　　　国　　(1)	5,980	-	120	140	270	370	510	460
北海道太平洋北区　(2)	1,060	-	10	10	30	70	120	120
太 平 洋 北 区　(3)	420	-	10	-	-	30	10	40
太 平 洋 中 区　(4)	440	-	10	10	40	40	30	30
太 平 洋 南 区　(5)	130	-	-	-	-	20	-	-
北海道日本海北区　(6)	1,300	-	40	40	70	70	200	150
日 本 海 北 区　(7)	180	-	-	-	-	-	-	-
日 本 海 西 区　(8)	410	-	-	-	-	20	-	40	50
東 シ ナ 海 区　(9)	1,180	-	20	30	20	80	60	30
瀬 戸 内 海 区　(10)	870	-	20	40	90	70	50	50

d 自営漁業が従

区　　分	計	15～19歳	20～24	25～29	30～34	35～39	40～44	45～49
全　　　　国　　(1)	970	-	70	80	30	100	90	130
北海道太平洋北区　(2)	400	-	30	50	10	10	50	70
太 平 洋 北 区　(3)	130	-	-	10	-	10	-	20
太 平 洋 中 区　(4)	90	-	-	-	20	30	-	10
太 平 洋 南 区　(5)	20	-	-	20	-	-	-	-
北海道日本海北区　(6)	90	-	20	-	-	-	-	-
日 本 海 北 区　(7)	40	-	10	-	-	-	-	10
日 本 海 西 区　(8)	20	-	-	-	-	-	20	-
東 シ ナ 海 区　(9)	120	-	-	-	-	30	20	-
瀬 戸 内 海 区　(10)	70	-	20	-	-	20	-	20

(ウ) 第2種兼業
a 計

区　　分	計	15～19歳	20～24	25～29	30～34	35～39	40～44	45～49
全　　　　国　　(1)	16,330	10	140	190	350	490	770	900
北海道太平洋北区　(2)	540	-	50	-	-	40	80	30
太 平 洋 北 区　(3)	1,350	10	-	-	10	40	50	80
太 平 洋 中 区　(4)	2,880	-	30	40	100	120	80	180
太 平 洋 南 区　(5)	1,170	-	-	-	-	-	70	50	130
北海道日本海北区　(6)	550	-	30	40	20	20	20	30
日 本 海 北 区　(7)	1,070	-	-	-	-	40	10	40	40
日 本 海 西 区　(8)	1,970	-	-	20	20	20	140	120
東 シ ナ 海 区　(9)	4,180	-	10	50	50	120	140	210
瀬 戸 内 海 区　(10)	2,640	-	20	40	130	50	180	90

大 海 区

単位：人

階　層　別						男	女	
50～54	55～59	60～64	65～69	70～74	75歳以上			
670	700	710	760	510	760	5,650	330	(1)
110	120	130	170	80	90	1,030	30	(2)
40	40	60	100	30	80	380	40	(3)
50	10	70	40	70	30	400	50	(4)
-	-	20	-	-	100	130	-	(5)
190	120	90	90	100	130	1,280	20	(6)
10	10	-	80	20	50	160	20	(7)
20	20	120	70	20	50	370	40	(8)
140	210	180	140	120	170	1,130	60	(9)
110	160	50	70	70	70	780	90	(10)

単位：人

階　層　別						男	女	
50～54	55～59	60～64	65～69	70～74	75歳以上			
120	80	40	140	30	40	800	170	(1)
80	40	10	30	-	10	380	10	(2)
-	-	-	40	20	30	80	50	(3)
20	-	20	-	-	-	40	50	(4)
-	-	-	-	-	-	20	-	(5)
30	-	-	40	-	-	90	-	(6)
-	-	-	10	-	-	40	-	(7)
-	-	-	-	-	-	20	-	(8)
-	40	10	-	10	-	60	60	(9)
-	-	-	20	-	-	70	-	(10)

単位：人

階　層　別						男	女	
50～54	55～59	60～64	65～69	70～74	75歳以上			
1,410	2,190	2,080	2,630	1,800	3,380	14,830	1,490	(1)
70	90	60	50	30	40	460	80	(2)
110	220	130	260	120	330	1,240	110	(3)
240	360	350	500	220	660	2,480	400	(4)
80	60	110	220	130	310	950	220	(5)
70	60	110	90	40	30	530	20	(6)
50	190	180	160	150	220	1,040	30	(7)
280	370	200	190	230	380	1,830	150	(8)
320	530	590	830	510	830	3,830	340	(9)
200	310	350	340	360	580	2,480	160	(10)

大海区

4 漁業就業者数（年齢階層別男女別）（続き）
(2) 漁業就業者数（個人経営体出身）（続き）
ウ 専兼業区分別漁業就業者数（続き）
(ｳ) 第2種兼業（続き）
b 自営漁業のみ

区　　分		計	年　齢						
			15～19歳	20～24	25～29	30～34	35～39	40～44	45～49
全　　　　　国	(1)	12,800	10	60	40	160	230	460	730
北海道太平洋北区	(2)	220	-	-	-	-	30	10	10
太　平　洋　北　区	(3)	1,170	10	-	-	-	40	50	60
太　平　洋　中　区	(4)	2,190	-	10	-	30	50	70	150
太　平　洋　南　区	(5)	920	-	-	-	-	20	30	120
北海道日本海北区	(6)	250	-	30	30	-	-	-	20
日　本　海　北　区	(7)	950	-	-	-	10	-	40	20
日　本　海　西　区	(8)	1,460	-	-	-	-	20	20	120
東　シ　ナ　海　区	(9)	3,670	-	10	20	30	80	120	170
瀬　戸　内　海　区	(10)	1,970	-	-	-	-	70	20	110	70

c 自営漁業が主

区　　分		計	年　齢						
			15～19歳	20～24	25～29	30～34	35～39	40～44	45～49
全　　　　　国	(1)	190	-	-	20	-	20	30	-
北海道太平洋北区	(2)	10	-	-	-	-	-	10	-
太　平　洋　北　区	(3)	10	-	-	-	-	-	-	-
太　平　洋　中　区	(4)	40	-	-	-	-	-	-	-
太　平　洋　南　区	(5)	-	-	-	-	-	-	-	-
北海道日本海北区	(6)	20	-	-	-	-	-	-	-
日　本　海　北　区	(7)	-	-	-	-	-	-	-	-
日　本　海　西　区	(8)	-	-	-	-	-	-	-	-
東　シ　ナ　海　区	(9)	-	-	-	-	-	-	-	-
瀬　戸　内　海　区	(10)	110	-	-	20	-	20	20	-

d 自営漁業が従

区　　分		計	年　齢						
			15～19歳	20～24	25～29	30～34	35～39	40～44	45～49
全　　　　　国	(1)	3,330	-	90	130	190	240	280	170
北海道太平洋北区	(2)	300	-	50	-	-	10	50	10
太　平　洋　北　区	(3)	170	-	-	-	10	-	-	30
太　平　洋　中　区	(4)	640	-	10	40	70	70	10	30
太　平　洋　南　区	(5)	250	-	-	-	-	50	20	20
北海道日本海北区	(6)	280	-	-	20	20	20	20	20
日　本　海　北　区	(7)	120	-	-	-	-	20	10	-	10
日　本　海　西　区	(8)	510	-	-	20	-	20	120	-
東　シ　ナ　海　区	(9)	500	-	-	30	20	50	20	50
瀬　戸　内　海　区	(10)	560	-	20	20	50	20	50	20

大 海 区

単位：人

階　層　別						男	女	
50～54	55～59	60～64	65～69	70～74	75歳以上			
880	1,650	1,640	2,170	1,580	3,200	11,540	1,260	(1)
30	40	50	30	-	30	140	80	(2)
70	190	130	200	120	300	1,060	110	(3)
150	260	250	400	190	620	1,930	250	(4)
50	30	100	170	100	310	760	160	(5)
20	30	30	60	20	30	250	-	(6)
40	170	180	160	130	210	920	30	(7)
190	230	110	160	230	380	1,320	150	(8)
260	480	540	710	470	800	3,350	330	(9)
90	220	250	290	330	530	1,810	160	(10)

単位：人

階　層　別						男	女	
50～54	55～59	60～64	65～69	70～74	75歳以上			
-	-	20	20	30	60	180	20	(1)
-	-	-	-	-	-	10	-	(2)
-	-	-	-	-	10	10	-	(3)
-	-	-	-	20	30	30	20	(4)
-	-	-	-	-	-	-	-	(5)
-	-	20	-	-	-	20	-	(6)
-	-	-	-	-	-	-	-	(7)
-	-	-	-	-	-	-	-	(8)
-	-	-	-	-	-	-	-	(9)
-	-	-	20	20	20	110	-	(10)

単位：人

階　層　別						男	女	
50～54	55～59	60～64	65～69	70～74	75歳以上			
530	540	420	440	190	120	3,120	220	(1)
40	50	10	30	30	10	300	-	(2)
40	30	-	50	-	10	170	-	(3)
90	100	100	100	10	10	520	130	(4)
30	30	20	50	30	-	190	50	(5)
60	30	60	30	30	-	260	20	(6)
10	20	-	-	20	10	120	-	(7)
90	140	90	20	-	-	510	-	(8)
60	50	50	120	50	30	490	10	(9)
110	90	90	40	20	40	560	-	(10)

大海区

5 世帯員数（個人経営体出身）

(1) 総数

単位：人

区　　分	計	14歳以下	15歳以上	男			女		
				小計	14歳以下	15歳以上	小計	14歳以下	15歳以上
全　　　　国	222,560	18,320	204,230	116,900	9,090	107,810	105,650	9,230	96,420
北海道太平洋北区	19,410	1,720	17,690	10,330	980	9,340	9,090	740	8,350
太 平 洋 北 区	23,720	1,970	21,750	12,370	920	11,450	11,350	1,040	10,300
太 平 洋 中 区	30,690	2,410	28,280	15,920	1,130	14,790	14,770	1,280	13,490
太 平 洋 南 区	15,680	860	14,830	8,350	480	7,870	7,330	380	6,950
北海道日本海北区	10,970	1,070	9,900	5,690	580	5,110	5,280	490	4,790
日 本 海 北 区	14,220	1,310	12,910	7,360	610	6,750	6,860	700	6,150
日 本 海 西 区	15,860	1,570	14,300	8,490	860	7,630	7,370	700	6,670
東 シ ナ 海 区	57,520	5,150	52,370	30,210	2,400	27,810	27,310	2,750	24,560
瀬 戸 内 海 区	34,490	2,270	32,210	18,190	1,130	17,060	16,300	1,150	15,150

(2) 自営漁業専兼業別世帯員数

ア　専業

単位：人

区　　分	計	14歳以下	15歳以上	男			女		
				小計	14歳以下	15歳以上	小計	14歳以下	15歳以上
全　　　　国	109,580	6,750	102,830	58,030	3,200	54,830	51,550	3,550	47,990
北海道太平洋北区	11,010	710	10,310	5,780	370	5,420	5,230	340	4,890
太 平 洋 北 区	12,020	960	11,060	6,340	430	5,910	5,680	530	5,150
太 平 洋 中 区	12,890	730	12,160	6,820	290	6,530	6,070	440	5,630
太 平 洋 南 区	9,100	390	8,710	4,890	210	4,680	4,220	180	4,030
北海道日本海北区	5,820	460	5,360	2,970	220	2,760	2,850	240	2,610
日 本 海 北 区	7,170	540	6,630	3,740	220	3,520	3,430	320	3,110
日 本 海 西 区	4,490	110	4,380	2,380	90	2,290	2,110	20	2,090
東 シ ナ 海 区	27,460	2,050	25,410	14,730	930	13,790	12,730	1,120	11,610
瀬 戸 内 海 区	19,610	810	18,800	10,380	450	9,940	9,220	360	8,870

イ　第1種兼業

単位：人

区　　分	計	14歳以下	15歳以上	男			女		
				小計	14歳以下	15歳以上	小計	14歳以下	15歳以上
全　　　　国	65,460	6,940	58,520	34,060	3,470	30,590	31,400	3,470	27,930
北海道太平洋北区	7,130	920	6,210	3,850	560	3,290	3,280	360	2,920
太 平 洋 北 区	6,880	570	6,310	3,700	330	3,370	3,180	240	2,930
太 平 洋 中 区	9,170	800	8,380	4,680	340	4,340	4,490	450	4,040
太 平 洋 南 区	3,770	340	3,440	2,000	170	1,830	1,770	160	1,610
北海道日本海北区	3,710	440	3,270	1,930	240	1,690	1,780	200	1,580
日 本 海 北 区	3,300	300	3,000	1,770	180	1,580	1,530	110	1,420
日 本 海 西 区	4,910	770	4,140	2,610	390	2,230	2,300	380	1,920
東 シ ナ 海 区	18,950	2,040	16,910	9,550	920	8,630	9,400	1,120	8,280
瀬 戸 内 海 区	7,650	770	6,880	3,970	340	3,630	3,670	430	3,240

大 海 区

ウ 第2種兼業

単位：人

区　　　分	計	14歳以下	15歳以上	男			女		
				小計	14歳以下	15歳以上	小計	14歳以下	15歳以上
全　　　　国	47,520	4,640	42,880	24,820	2,430	22,390	22,710	2,210	20,500
北海道太平洋北区	1,270	90	1,170	700	60	640	570	40	530
太 平 洋 北 区	4,820	440	4,390	2,330	160	2,170	2,490	270	2,220
太 平 洋 中 区	8,630	890	7,740	4,420	500	3,920	4,210	390	3,820
太 平 洋 南 区	2,810	140	2,680	1,470	100	1,370	1,350	30	1,310
北海道日本海北区	1,440	170	1,270	780	130	660	650	40	610
日 本 海 北 区	3,750	480	3,270	1,850	210	1,650	1,900	270	1,620
日 本 海 西 区	6,460	680	5,770	3,500	390	3,110	2,960	300	2,660
東 シ ナ 海 区	11,120	1,060	10,060	5,940	550	5,390	5,180	510	4,670
瀬 戸 内 海 区	7,230	700	6,540	3,830	340	3,490	3,400	360	3,050

付　　　表

漁業就業動向調査票（個人経営体用）

11月1日調査

農林水産省

記入見本: 0 1 2 3 4 5 6 7 8 9

指標コード / 調査年 / 大海区 / 都府県（支庁）/ 市区町村 / 漁業地区 / 基本調査区 / 客体番号 / 区分

入力方向 ↑ ↑ ↑

記入に当たっては、「調査票の記入の仕方」をご覧ください。
なお、記入の際には黒い濃い鉛筆を使用してください。

1 世帯員について
11月1日現在の世帯員の人数を右詰めで記入してください。

すべての世帯員		
うち、14歳未満の世帯員		
男		
女		

2 世帯としての専業・兼業
当てはまる番号一つを○で囲んでください。

① 自家漁業専業
② 兼業 自家漁業が主
③ 兼業 他が主

3 漁業を行った人
満15歳以上の世帯員のうち、過去1年間に漁業を行った人をもれなく記入してください。

自家漁業にのみ従事している方の記入は不要です。

世帯員番号	①	1月1日現在の満年齢 いずれかに○印											② 男女の別 いずれかに○印		③ 自家漁業の海上作業に従事した日数を記入（陸上作業のみの場合は0を記入）	過去1年間にした仕事 自家漁業について						自家漁業以外				日数の多い方 ほか ⑩ いずれかに○印	
		15〜19歳	20〜24歳	25〜29歳	30〜34歳	35〜39歳	40〜44歳	45〜49歳	50〜54歳	55〜59歳	60〜64歳	65〜69歳	70〜74歳	75歳以上	男	女		種類数 最も多漁業種	定置網	海面養殖業	その他船非使用漁業	船使用10トン未満	10トン以上	漁業	雇われ	共同経営	漁業以外の仕事	自家漁業	漁業以外
															④	⑤		⑤			⑥		⑦	⑧	⑨		⑩
01	①	1	2	3	4	5	6	7	8	9	10	11	12	13	1	2		1	2	3	4	5	1	2	3	1	2	3
02	①	1	2	3	4	5	6	7	8	9	10	11	12	13	1	2		1	2	3	4	5	1	2	3	1	2	3
03	①	1	2	3	4	5	6	7	8	9	10	11	12	13	1	2		1	2	3	4	5	1	2	3	1	2	3
04	①	1	2	3	4	5	6	7	8	9	10	11	12	13	1	2		1	2	3	4	5	1	2	3	1	2	3
05	①	1	2	3	4	5	6	7	8	9	10	11	12	13	1	2		1	2	3	4	5	1	2	3	1	2	3

※「3 漁業を行った人」が6名以上の場合及び「4 自営漁業に雇った人」がいる場合は裏面へ続きます。

SAMPLE

⇦ ⇦ ⇦ 入力方向

秘 農林水産省 ｜ 2 3 2 1 ｜ 漁 業 就 業 動 向 調 査 票（団体経営体用）
11月1日調査

指標コード	調査年	大海区	都府県(支庁)	市区町村	漁業地区	基本調査区	客体番号	区分

記入の際には、**黒い濃い鉛筆**を使用してください。

記入見本	0	1	2	3	4	5	6	7	8	9

> この調査票は、団体経営体における漁業就業者数を把握するためのものです。
> 11月1日現在で海上作業に従事した人のうち、過去1年間（前年の11月1日から本年の10月31日までの間）に、**30日以上海上作業を行った**人数を男女別・年齢区分別に右詰めで記入してください。
> なお、陸上作業のみに雇った人及び外国人は除きます。

	男	女
計	人	人
15～19歳	人	人
20～24歳	人	人
25～29歳	人	人
30～34歳	人	人
35～39歳	人	人
40～44歳	人	人
45～49歳	人	人
50～54歳	人	人
55～59歳	人	人
60～64歳	人	人
65～69歳	人	人
70～74歳	人	人
75歳以上	人	人

調査は以上です。 ご協力ありがとうございました。
同封の返信用封筒に入れて＿＿月＿＿日までにご返送いただきますよう、お願い申し上げます。

政府統計
統計法に基づく国の統計調査です。調査票情報の秘密の保護に万全を期します。

※本調査票はUDフォント（UD=Universal Design）を使用しています。

| 平成29年　漁業就業動向調査報告書 |

平成30年8月　発行　　　　　　　　　　定価は表紙に表示してあります。

編集　　〒100-8950　東京都千代田区霞が関1－2－1
　　　　　　　農林水産省大臣官房統計部

発行　　〒153-0064　東京都目黒区下目黒3-9-13　目黒・炭やビル
　　　　　　　一般財団法人　農 林 統 計 協 会
　　　　　　　　振替　00190-5-70255　TEL 03(3492)2987

ISBN978-4-541-04262-0　C3062